KB049399

대한민국 자동차 명장
박병일의
슬기로운 자동차 생활

◇ 당신은 언제나 옳습니다. 그대의 삶을 응원합니다. - **라의눈 출판그룹**

대한민국 자동차 명장
박병일의 슬기로운 자동차 생활

초판 1쇄 | 2024년 5월 24일

지은이 | 박병일   일러스트 | 김원만
펴낸이 | 설응도   편집주간 | 안은주
영업책임 | 민경업   디자인 | 박성진

펴낸곳 | 라의눈

출판등록 | 2014년 1월 13일(제2019-000228호)
주소 | 서울시 강남구 테헤란로78길 14-12(대치동) 동영빌딩 4층
전화 | 02-466-1283   팩스 | 02-466-1301

문의(e-mail)
편집 | editor@eyeofra.co.kr
영업마케팅 | marketing@eyeofra.co.kr
경영지원 | management@eyeofra.co.kr

ISBN : 979-11-92151-76-2 13550

이 책의 저작권은 저자와 출판사에 있습니다.
저작권법에 따라 보호를 받는 저작물이므로 무단전재와 복제를 금합니다.
이 책 내용의 일부 또는 전부를 이용하려면 반드시 저작권자와 출판사의 서면 허락을 받아야 합니다.
잘못 만들어진 책은 구입처에서 교환해드립니다.

★★★
대한민국
3천 5백만
운전자들의
교과서

대한민국 자동차 명장 박병일의

슬기로운 자동차 생활

박병일 · 박대세 지음

라의눈

TV, 세탁기를 사면 열심히 사용설명서를 읽으면서, 수천만 원에 달할 뿐 아니라 자신의 생명과 관련된 자동차를 사면서는 사용설명서 따위는 내팽개치고 곧바로 운전부터 시작한다. 자동차에 대해서는 다 알고 있다는 근거 없는 자신감이거나 자동차는 굴리면서 알아가야 한다는 이상한 고정관념이다. 자동차 기술은 나날이 발전하고 있고 새로운 IT 기술이 접목되어 과거에는 상상도 할 수 없었던 일들이 가능해지고 있다. 그러니 자동차도 공부가 필요하고 자동차 상식도 업그레이드가 필요하다.

대한민국에서 운전면허를 가지고 있는 사람은 3천 5백만 명이라고 한다. 거의 대부분의 성인이 운전할 가능성이 있는 사람들이다. 물론 운전자들이 자동차에 대해 모든 것을 알아야 할 필요도 없고 알 수도 없다. 하지만 자동차에 대한 최소한의 지식과 정보를 갖고 있어야 자신과 가족의 안전을 지키고, 보다 편리하고 경제적인 자동차 생활을 즐길 수 있을 것이다.

자동차의 구조와 정비 전반에 대한 기초 상식을 정리한 『박병일의 자동차 백과』를 출간한 지도 여러 해가 지났다. 당시 수많은 독자들로부터 감사의 인사를 들었다. 운전은 하지만 자동차 보닛은 한 번도 열어보지 못했던 사람들, 자동차에 경고등 하나만 켜져도 진땀이 난다는 사람들, 정비업체만 가면 주눅들었던 사람들, 김여사란 별명에서 탈출하고 싶다던 여성 운전자들로부터 큰 도움이 되었다는 말을 들을 때마다 남다른 보람을 느끼곤 했다.

그러던 중 독자들로부터 기본 상식을 담은 자동차 백과를 넘어서, 보다 다양하고 심화된 문제해결 능력을 키울 수 있는 책을 써달라는 요청을 받게 되었다. 특히 전기차나 하이브리드차에 대해 궁금한 것이 많다는 이야기를 많이 듣고 있다. 그래서 탄생한 것이 바로『박병일의 슬기로운 자동차 생활』이다.

제목에서 짐작할 수 있듯이, 자동차 백과가 자동차의 구조 및 정비 상식을 다루었다면, 이번 책은 오너 드라이버가 실생활에서 운전하면서 겪는 사례 위주로 내용을 구성했다. 차의 구입부터 관리, 정비는 물론 경제 운전하는 법과 사고 대처 법, 보험 관련 내용까지 운전자의 교과서라 할 만한 내용을 모두 실었다. 전기차와 하이브리드차, 수소차, 자율 주행 등에 대한 내용을 대폭 보강해 현재 친환경 차를 타고 있거나 혹은 관심을 갖고 있는 독자들의 요청에도 부응했다.

이 책이 탄생하기까지 육필 원고를 다시 정리해준 아내 이은경과 보기 좋게 편집해준 안은주 주간에게 감사를 드리며 불황 속에서도 독자분들을 위해 물심양면으로 투자를 아끼지 않으신 라의눈출판사 설응도 대표에게도 감사의 말을 전하고 싶다.

자동차는 굴러만 가면 된다고 생각하던 시대도 있었고 자동차가 신분을 상징하는 시대도 있었지만, 현재 자동차는 사람들의 라이프스타일을 대변하는 도구가 되었다. 자동차는 우리의 삶에 그렇게 깊숙이 들어왔다. 이 책이 대한민국 오너 드라이버의 자동차 생활에 작은 도움이라도 된다면 넘치는 영광일 것이다.

여러분의 슬기로운 자동차 생활을 응원한다.

대한민국 자동차 명장 박병일

차례

가솔린 vs. 디젤, 차의 원리 이해하기

CHAPTER 04
내 차 스마트한 관리 전략

CHAPTER 06
자동차 정비의 기초

CHAPTER 07
안전운전 매너운전

현명한
신차 구입 전략

CHAPTER

01

001

전문가들이 알려주는
기본 원칙

　차를 선택하는 일은 보통 일이 아니다. 차의 크기, 스타일, 기능, 옵션, 가격 등은 물론 소비자들의 개성과 라이프스타일도 다양해진 탓이다. 순간의 선택이 10년 이상을 좌우하는 차 고르기, 자동차 전문가들이 공통적으로 제시하는 '후회 없는 차 고르기'의 원칙을 소개한다.

☑ 차에도 상성이 있다

주변 사람들의 권유, 카 매니아들의 시승 평가, 영업사원의 달콤한 말에

레저용으로 적합한
미니밴, 볼보 EM90

베스트셀러 수입차,
벤츠 E-class

이끌려 자신의 의도와 다른 차를 선택하게 되는 경우가 적지 않다. 결국 다른 이가 좋아하는 차를 고른 셈이다. 신차 구입 시엔 무엇보다 자신의 취향과 느낌을 존중해야 한다. 평소에 관심이 있었는데 직접 타봤더니 느낌까지 좋았다면 최고다. 외관 디자인뿐 아니라 많은 시간을 보내야 할 내부 인테리어도 고려사항이다.

☑ 용도와 라이프스타일이 최우선

출퇴근이나 쇼핑 등 도심 주행용이라면 일반 승용차, 주말 레저나 지방 출장이 잦으면 미니밴이나 SUV가 좋다. 뒷좌석에 사람을 많이 태우거나 탑승자의 키가 크다면 뒷자리 공간이 넓거나 시트가 큰 차를 선택한다. 차체는 작지만 뒤 공간이 넓은 경우도 있으므로 직접 앉아본 후에 결정해야 한다.

  4~5인 가족용이라면 4-도어 세단이 적합하다. 짐을 많이 싣는다면 트렁크 공간을 따져봐야 한다. 뒷자리에 승객을 태우지 않을 때 짐을 많이 싣고 다닌다면 5-도어 해치백도 고려해볼 만하다.

☑ 연 수입의 30%가 마지노선

자신의 수입과 지출을 고려한 뒤 차를 선택해야 한다. 전문가들은 연 수입의 30%를 넘지 않는 차를 구입하는 게 무난하다고 조언한다. 할부금융, 신용카드, 오토리스 상품 등을 잘 활용하면 할부금 부담을 적잖게 줄일 수 있다.

옵션 선택도 고려해야 한다. 소형차 최고급 모델이 준 준형차보다 비싸질 수도 있다. 연간 유류대와 세금 등도 꼼꼼하게 따지자. 사회 초년생이나 학생이라면 자신이 감당할 수 있는 범위 내에서 선택해야 한다. 그래야 차에 대한 애정도 더 깊어진다.

☑ 중고차로 되팔 때를 고려한다

나중에 중고차로 되팔 때의 가격도 따져본다. 차가 나온 지 오래되어 곧 단종되거나 후속 모델이 나올 차인지도 알아보자. 단종된 차는 중고차 가격이 크게 떨어지는 게 보통이지만, 차종에 따라선 오히려 중고차 가격이 비싼 경우가 있기 때문에 미리 시세를 확인해봐야 한다. 차의 색상이나 변속기 유형 등은 중고차 가격에 큰 영향을 미치므로 되팔 때를 고려한 선택이 유리한다. 또한 많이 팔린 차일수록 시간이 흘러도 부품 구하기가 쉬워 동급 차보다 가격이 높게 유지된다.

☑ 뭐니 뭐니 해도 베스트셀러

차에 큰 관심이 없고 취향도 딱히 없다면, 가장 많은 사람들이 타는 차가 좋다. 집단지성의 힘이다. 이런 차는 대부분 고장도 적고 수리가 쉬우며, 인기가 좋아 중고차 가격도 높은 법이다.

002

새 차 구입자에게 필요한 8가지 조언

새 차를 살 때와 중고차를 살 때는 마음가짐이 달라야 한다. 신차는 20년, 중고차는 5년 이상 탈 각오로 고르는 것이 좋다. 지금부터 새 차 구입자에게 꼭 필요한 8가지 조언을 드린다.

☑ 신차는 출시 1년 후 구입이 정석

한때 인기를 모았던 차량을 구입한 A씨는 어이없는 경우를 당했다. 차곡차곡 적금 모아 마련한 최신형 차가 리콜을 한다는 통보를 받았던 것이다. A씨는 억울했다. 자신의 차가 시험용이 아닌가 하는 생각마저 들었다. 그때서야 새 차는 1년 뒤 구입하라는 말이 떠올랐다. 그러나 이미 때늦은 후회였다. 자동차라는 물건은 사용 후 수정, 보완되며 보다 완벽해지는 것이다. 특히 우리나라는 외국에 비해 모델 변경 주기가 짧으므로 더욱 유의해야 한다.

☑ 반드시 시승하라

차량 구입자의 절반 이상이 시승하지 않고 리플렛이나 카탈로그만 보고 구입한다고 한다. 보기 좋은 차는 타기에도 좋은 차일까? 전시장에 있는 자동차를 눈으로 보는 것과 시승을 하는 것은 하늘과 땅 차이다. 자신의 취향과 용도에 맞는지, 내부 구조는 편리한지, 반드시 시승을 통해 꼼꼼하게 확인해야 한다.

☑ 할부금 외의 기타 비용을 생각하라

중·소형차를 1년 운행한다면, 순수한 차 가격의 절반 가까이를 세금으로 내야 한다. 3년 정도 경과하면 세금 총액이 자동차 가격을 초과할 정도이다. 반드시 1일 평균 주행거리에 구입 차량의 표준 연비 70%를 감안하고, 연료비와 각종 세금, 이자, 등록비와 유지비까지 계산해서 결정해야 한다.

☑ 자동차는 늘려 간다는 편견을 버려라

친구 따라 강남 간다는 식으로 자동차를 구입하면 두고두고 후회하게 된다. '이 정도는 타야지, 저번 차보다 큰 차를 타야지'란 생각은 편견에 불과하다. 하나도 둘도, 자신의 상황과 조건에 적합한 자동차를 선택하자.

☑ 인정에 끌리지 말자

선후배, 친인척 등이 관련된 회사나 대리점에서 신차를 구입하는 것은 자동차 조기 교체의 원인이다. 우리나라 자동차 교체 주기는 매우 짧아서 선진국의 절반에 불과한데, 이러한 성향도 영향을 미칠 것이다. 단, 혼자 결정하면 실수할 수 있으므로 배우자와 상의하는 것이 좋다. 특히 남성이라면 반드시 아내와 상의하자. 자칫 지나칠 수 있는 부분, 생각도 못한 부분을 지적해 줄 것이다.

☑ 동종 차량 구입자에게 물어보라

백 번 보는 것보다 한 번 타보는 것이 현명하다. 동종의 차량을 구입해서 사용해 본 주위 사람의 조언을 구하거나 시승을 해보는 것이 가장 확실한 방법 중 하나다.

☑ 광고는 반만 믿어라

기본적으로 광고는 파는 사람 입장에서 만들어진다. 좋은 그림, 좋은 얘기만 하는 게 당연하다. 자동차를 옷이나 화장품 사듯이 해서는 안 된다. 한 번 구입하면 오랜 시간 사용할 상품, 자신과 가족의 안전을 책임질 상품이니만큼 즉흥 구매는 금물이다.

☑ 단골 정비사에게 자문을 구하라

각 나라마다 자동차를 선택하는 기준이 있다고 한다. 미국인은 전문지를 참조하고, 일본인은 부인과 상의하고, 독일인은 정비사의 의견을 듣는다는 것이다. 그런데 우리나라 사람은 혼자 결정하거나 친구, 아니면 영업사원과 상의한다. 자동차 구입 시에는 반드시 전문가의 조언이 필요하다.

003

특별조건 차
이용하기

　새 차를 약 20~30%까지 싸게 사는 방법이 있다면 눈이 번쩍 뜨일 것이다. 게다가 자동차회사도 인정하는 합법적 판매 방식이다. 전시차, 시승차 등 주로 개별 영업소에서 특별히 좋은 조건으로 제공하는 차를 특별조건 차라 부른다. 이런 차 중에서 품질에 전혀 문제가 없으면서도 할인금액이 큰 차를 사려면 미리 친한 영업사원에게 부탁해 두는 것이 좋다. 최근엔 이런 차들의 판매 정보를 소개하는 인터넷 사이트도 있다.

고객이나 언론사를 대상으로 한 시승차

영업점이나 쇼룸의
전시차

박병일 명장의 자동차 TIP

특별할인이 되는 특별조건 차의 종류

① **전시차** : 영업소 전시장에 일정 기간 전시 후 처분하는 차. 전시 기간이 길수록 할인 금액이 크다. 전시할 때는 배터리 접속을 끊어 놓으므로 성능에 이상은 없다. 흠이라면 이 사람, 저 사람 손때가 묻었다는 것이다.

② **시승차** : 신차 출시 때 고객이나 언론사 대상의 시승 행사를 마친 뒤 판매하는 차. 차 상태에 따라 5~20%까지 할인된다. 이런 차는 주행거리가 얼마 되지 않지만 가끔 험하게 운전한 차가 있으니 잘 살펴봐야 한다.

③ **감가차** : 자동차회사의 공장 안에서 사고나 기능 이상으로 부품을 교환했거나 수리한 차. 품질은 믿을 수 있는 반면 할인율은 차 상태에 따라 5~30%까지 적용된다. 앞에서 말한 전시차, 시승차, 감가차는 할인된 금액으로 세금계산서가 발행되므로 등록세, 취득세, 채권 비용도 절감된다.

④ **기표차** : 영업소 또는 영업사원이 매월 판매실적을 달성하기 위해 실제로는 팔리지 않은 차를 판매된 것으로 처리해 보유하고 있다가 소비자에게 다시 파는 차. 영업소는 재고 부담을 덜기 위해 당연히 할인해서 판매한다.

⑤ **계약해지 차** : 고객이 계약을 했다가 인수를 포기한 정상 출하 차. 보통 주문 적체가 심한 인기 차종이 많다. 따라서 가격 할인보다는 계약 차를 빨리 받을 수 있다는 이점이 있다.

004
수입차는 유통경로가
가격이다

국산차와는 달리, 수입차는 유통경로에 따라 가격과 조건이 크게 달라진다. 싸다고 덜컥 구입했다가 나중에 애프터서비스 문제로 큰 낭패를 볼 수도 있고, 팔 때도 제값을 못 받을 수도 있다.

☑ 공식 유통경로

외국 자동차회사에서 완성된 차를 국내에서 합법적 유통망을 거쳐 파는 경우. 현재 국내에는 벤츠, BMW, 아우디, 폭스바겐, GM, 포드, 토요타, 혼다, 다임러크라이슬러, 닛산, PAG(볼보, 재규어, 랜드로버) 등이 본사의 지사 형식으로 공식 유통경로를 갖추고 있다. 이와 유사하게 외국 자동차회사와 계약을 맺고 수입권을 행사하는 업체도 있다. 한불모터스(푸조), 한성자동차(포르쉐), 쿠즈(페라리, 마세라티) 등이 여기에 속한다.

☑ 병행수입업체

외국에서 자동차회사가 아닌 딜러를 통해 차를 구입한 후, 국내에 되파는 업자 또는 업체를 지칭한다. 최근에는 외국 자동차회사의 직접 진출과 수입 절차 강화로 점차 사라지는 추세다. 이들은 주로 외국에서 할인 판매하는 차를 취급한다. 국내에 가져와 되팔 때 이익을 많이 남기기 위해서다. 병행수입업체 대부분은 편집샵 형태로, 한 매장에서 여러 브랜

수입차는 대부분 공식 유통망을 통해 판매된다.

드의 차를 판매한다.

☑ 수입대행업체

일종의 무역회사라 생각하면 된다. 요즘은 일반 무역회사라 하더라도 실제 소비자 이름으로 외제차를 들여와야 해서 수입 자체가 매우 어렵다. 이들은 인터넷이나 각종 광고를 통해 실제 소비자를 모집한 후 현지에 나가 소비자가 원하는 차를 수입 대행하는 방식을 즐겨 쓴다. 중고차를 많이 취급하며, 차 구매 시 선금을 받고 1~3개월 후에 차를 인도한다. 종종 중고차를 새 차로 속여 팔아 문제가 되기도 한다.

위험 부담을 덜기 위해서는 공식 유통경로를 거친 차를 구입하는 것이 좋다. 또한 판매업체가 애프터서비스를 제공하는지 등도 꼭 확인해야 한다.

005

수입차, 언제 어떻게 사야 유리할까?

국산차의 성수기는 보통 연말과 연초다. 연식이 바뀌기 전에 이전 연도 생산분을 구입하면 상당한 할인 혜택이 있기 때문이다. 그렇다면 수입차도 똑같을까? 답은 '아니다'이다. 수입차들은 대부분 빠르면 8월, 늦어도 9월에 이듬해 차를 판매하므로 상대적으로 연식 변경 부담이 적다. 그래도 수입차를 싸게 살 방법은 있다.

☑ 재고 많은 차종 고르기

수입차 업체들은 보통 연간 단위로 판매 목표를 정하고 주문을 한다. 경기나 경쟁 상황에 따라 계획에 차질이 빚어지면 재고 부담이 늘어난다. 바로 이때를 노리면 같은 차라도 훨씬 싸게 살 수 있다. 그렇다면 재고 부담이 늘어난 것을 어떻게 알 수 있을까? 특정 모델을 유리한 조건에 판매한다는 광고가 쏟아지면 때가 온 것이다. 특별할인, 무이자할부, 해외여행, 보증수리기간 연장 등을 내세운다. 어떤 게 유리한 조건인지는 한눈에 알아볼 수 있다.

☑ 여러 딜러에게 견적 받기

만일 원하는 차종에 유리한 조건이 내걸리지 않는다면 그 차를 취급하는 여러 딜러에게 견적을 받아보자. 메이커들은 딜러별 판매조건이 동일하도록 하려 하지만, 정작 딜러들은 개인 또는 회사별 상황에 따라 융통성을 발휘한다. 물론 노골적으로 해서는 안 된다. 자칫 문제 고객으로 낙인찍혀, 구입 후 각종 혜택에서 제외될 수 있다.

☑ 현금 구입이 유리하지 않다

수입차 구입 시 또 한 가지 알아둬야 할 것은 현금으로 구입하는 것이 유리하지 않다는 사실이다. 고객들은 현금으로 구입하면 응당 추가 혜택을 받을 것으로 기대한다. 그러나 수입차는 리스나 할부 이용 고객을 더 반긴다. 리스사나 할부금융사들이 제값을 치러 주는 데다 수수료까지 챙겨주기 때문이다. 할부나 리스를 이용할 때도 최소한 두세 회사, 서로 다른 딜러에게 견적을 받아보는 것이 좋다.

006

리스차의 최대 장점은
절세효과

최근 리스차가 인기다. 차를 사지 않고 원하는 차를 마음대로 골라 탈 수 있다는 장점을 무기로 폭발적 성장을 기록 중이다. 그렇다면 리스차의 장점과 단점은 무엇인지 알아보자.

☑ 렌터카와의 차이

렌터카는 렌터카 업체의 차를 빌려서 타는 것이고, 리스차는 리스차 업체(대부분 금융회사)로부터 돈을 빌려서 차를 산다고 생각하면 구분이 쉽다. 따라서 리스차는 번호판에 '허'가 들어가지 않고 자가용으로 등록된다. '소유하지 않아도 내 차 같은'이라는 리스업체의 캐치플레이즈가 말해주듯이, '내 차' 같은 만족감을 제공한다는 것이 최대 장점이다. 다만, 리스차는 신용평가에 영향을 미칠 수 있다는 점은 알아두자.

리스 기간은 1~3년 이상으로 계약기간이 끝나면 차를 반납해도 되고 일정 비용을 내고 내 차로 명의 이전을 할 수도 있다. 정기 점검 서비스, 무사고 운행 시 리스료 할인, 2~3년마다 신차 교체, 오토리스 보험 등 다양한 서비스와 혜택도 누릴 수 있다.

☑ 비용과 세금 절감 효과

매년 내야 하는 자동차세가 없다. 리스사가 알아서 처리해주기 때문이

신한카드 오토리스
홈페이지

다. 운전자가 아닌 리스사 명의로 등록되므로 취득세, 등록세 부담에서
도 자유롭다. 법인이나 개인사업자의 경우, 리스료만 내면 차 유지비까
지 한 번에 해결되는 셈이라서 회계 처리가 한결 수월해진다.

☑ 요모조모 따져야 하는 이유

리스료가 싸다고, 서비스가 좋다고 리스차를 선택할 일은 아니다. 리스
료가 싸면 필요한 서비스가 부족할 수 있고, 서비스는 많은데 내게 필요
하지 않은 것이 대부분일 수 있기 때문이다. 리스차를 구입할 계획이 있
다면 약정기간이 끝난 뒤의 중고차 시세가 약정기간 소요된 비용의 차
액보다 얼마나 높은지, 리스로 아낄 수 있는 금액은 어느 정도인지를 꼼
꼼히 검토해야 한다.

007

자동차 제원표
보는 방법

자동차 제원표는 그 차의 신상명세서와 같다. 차의 크기, 특성, 성능은 물론 가격까지 한눈에 볼 수 있다. 웬만큼 차를 아는 사람은 제원표만 보고 디자인을 제외한 그 차의 전부를 알 수 있다. 제원표는 차종 간 비교 시에도 유용하다. 제원표는 보통 5가지 분류체계로 되어 있다. 즉 차체의 크기, 엔진과 변속기 등 구동계, 섀시, 성능, 가격 및 편의장치를 수치나 고유 형식으로 표기한다.

☑ 차체의 크기

차체는 대부분 실내와 실외로 나뉘어 밀리미터(㎜) 단위로 표기된다. 함께 표기되는 휠베이스(축거)는 앞바퀴와 뒷바퀴의 중심축 간 거리이다. 트레드(윤거)는 좌우 바퀴 사이의 거리를 보여준다. 일반적으로 휠베이스가 길면 승차감이 좋고, 트레드가 길면 코너링이 좋다.

☑ 엔진

엔진은 보통 배기량(cc, 엔진 실린더 내부의 총합)과 힘(ps, 마력)으로 표시된다. 엔진 실린더 단면적의 가로 크기가 보어, 세로 크기가 스트로크이다. 고속 주행이 가능한 차는 보어가 스트로크보다 크다. 그리고 토크는 엔진의 회전력을 뜻한다.

dimensions & specifications

(단위: mm)

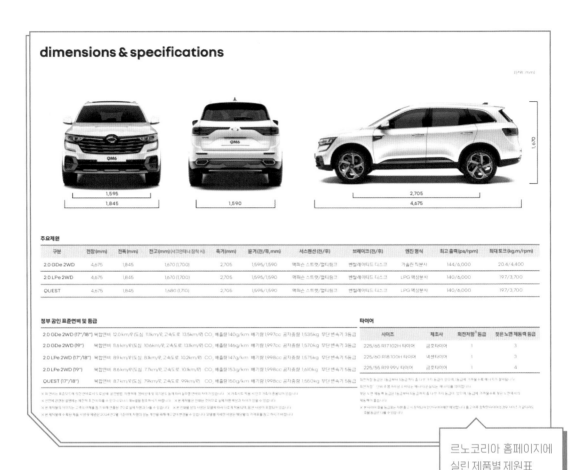

1,595
1,845
1,590
2,705
4,675
1,670

주요제원

구분	전장(mm)	전폭(mm)	전고(mm) (샤크안테나 장착 시)	축거(mm)	윤거(전/후,mm)	서스펜션(전/후)	브레이크(전/후)	엔진 형식	최고 출력(ps/rpm)	최대 토크(kg.m/rpm)
2.0 GDe 2WD	4,675	1,845	1,670 (1,700)	2,705	1,595/1,590	맥퍼슨 스트럿/멀티링크	벤틸레이티드 디스크	가솔린 직분사	144/6,000	20.4/4,400
2.0 LPe 2WD	4,675	1,845	1,670 (1,700)	2,705	1,595/1,590	맥퍼슨 스트럿/멀티링크	벤틸레이티드 디스크	LPG 액상분사	140/6,000	19.7/3,700
QUEST	4,675	1,845	1,680 (1,710)	2,705	1,595/1,590	맥퍼슨 스트럿/멀티링크	벤틸레이티드 디스크	LPG 액상분사	140/6,000	19.7/3,700

정부 공인 표준연비 및 등급

2.0 GDe 2WD (17"/18") 복합연비 12.0km/ℓ (도심 11.1km/ℓ, 고속도로 13.5km/ℓ) CO_2 배출량 140g/km 배기량 1997cc 공차중량 1,535kg 무단 변속기 3등급
2.0 GDe 2WD (19") 복합연비 11.6km/ℓ (도심 10.6km/ℓ, 고속도로 13.1km/ℓ) CO_2 배출량 146g/km 배기량 1997cc 공차중량 1,570kg 무단 변속기 3등급
2.0 LPe 2WD (17"/18") 복합연비 8.9km/ℓ (도심 8.1km/ℓ, 고속도로 10.2km/ℓ) CO_2 배출량 147g/km 배기량 1998cc 공차중량 1,575kg 무단 변속기 5등급
2.0 LPe 2WD (19") 복합연비 8.6km/ℓ (도심 7.7km/ℓ, 고속도로 10.1km/ℓ) CO_2 배출량 153g/km 배기량 1998cc 공차중량 1,610kg 무단 변속기 5등급
QUEST (17"/18") 복합연비 8.7km/ℓ (도심 7.9km/ℓ, 고속도로 9.9km/ℓ) CO_2 배출량 150g/km 배기량 1998cc 공차중량 1,560kg 무단 변속기 5등급

타이어

사이즈	제조사	회전저항 등급	젖은노면 제동력 등급
225/65 R17 102H 타이어	금호타이어	1	3
225/60 R18 100H 타이어	넥센타이어	1	3
225/55 R19 99V 타이어	금호타이어	1	4

르노코리아 홈페이지에 실린 제품별 제원표

☑ 변속기

변속기는 먼저 기어비를 이해해야 한다. 구동 기어를 기준(1.0)으로 낮은 단일수록 1보다 크고, 높은 단일수록 1보다 적다.

☑ 브레이크, 서스펜션

브레이크는 대체로 디스크와 드럼으로 나뉘는데, 디스크 방식이 더 우수한 제동 성능을 발휘한다. 서스펜션은 워낙 구조가 복잡하고 종류가 많아 일반인이 파악하기 힘들다. 다만, 일반 승용차에는 스트럿 방식이 많이 쓰이고, 고급차에는 충격 흡수력이 좋은 더블 위시본 방식이 주로 쓰인다는 것은 알아두자. 리지드 엑슬 방식은 트럭이나 지프형 4WD에

흔히 쓰이는데, 승차감보다 강도를 중시한다.

☑ 연비, 공차 중량

연비는 1리터의 연료로 몇 킬로미터를 주행할 수 있는지를 나타낸다. 공차 중량이란 사람과 짐을 싣지 않고 연료, 각종 윤활유, 냉각수 등을 최대 용량까지 넣은 상태에서의 차 무게를 말한다. 반면 차량 총중량은 정원수만큼(1인당 65킬로그램 기준) 사람을 태우고 트렁크에 짐을 가득 실었을 때의 무게이다.

BMW 740iL				벤츠 S-320L		
차량	장(mm)	5,124		차량	장(mm)	5,213
	폭(mm)	1,862			폭(mm)	1,886
	고(mm)	1,435			고(mm)	1,486
축거(mm)		3,070		축거(mm)		3,140
윤거	앞(mm)	1,552		윤거	앞(mm)	1,606
	뒤(mm)	1,568			뒤(mm)	1,579
배기량(cc)		3,982		배기량(cc)		3,199
최고출력(ps/rpm)		210/286/5,800		최고출력(ps/rpm)		231/5,800
최대토크(kg · m/rpm)		4000/4,500		최대토크(kg · m/rpm)		31.6/4,100
타이어		235/60R16		연비(km/ℓ)		6.9(3등급)
가격		132,000,000원		타이어		235/60R16 100V
				가격		115,500,000원

제원표 예시

008

자동차
시승 요령

    구입 전 시승은 소비자의 당연한 권리다. 수천만 원짜리 물건을 구입하는데 직접 타보지 않는다는 것은 자신의 권리를 포기하는 행위다. 물론 전문가가 아니라면 잠깐 타본다고 해서 그 차의 성능을 꿰뚫을 수는 없다. 그래도 카탈로그만 보고 계약하는 것보다는 훨씬 낫다.

    자동차는 첨단과학의 집합체이지만 차에 대한 평가는 개개인의 감각과 감성에 따라 다르다. 나에게 편하게 느껴지는 차인지를 확인하는 데 시승의 주안점을 두어야 한다.

☑ 외관과 운전석 점검

시승에 나섰다면 먼저 실제 차를 꼼꼼히 살펴보자. 사진으로 본 것과 다를 수 있다. 돌출 부분이 많고 철판의 이음새가 일정하지 않다면 마무리가 좋지 않은 것이다. 이런 차는 공기저항을 많이 받아 소음이 클 확률이 높다.

    다음으로 운전석에 앉아서 장치들을 편하게 작동할 수 있는지, 시트는 편안한지, 시야는 좋은지 등을 체크하자. 운전대를 잡고 여러 스위치를 조작하는 데 불편함이 없어야 한다. 모르는 스위치가 있다면 영업사원에게 바로 물어보자.

☑ 주행 시간은 넉넉히

주행 시간은 넉넉하게 확보하도록 한다. 주행하면서 동력 성능과 안정성 등을 느껴보자. 가속하는 시간이 너무 긴 것은 아닌지, 변속기의 변속 충격은 어느 정도인지도 살핀다. 코너링은 부드럽게 되는지, 과속방지턱 등 노면 충격을 어느 정도 걸러 주는지를 주의 깊게 살펴보면 된다.

☑ 소음 점검

시속 100㎞ 전후까지 충분히 속도를 내면서 소음이 없는지 살펴보자. 소음은 시승 시의 중요한 체크포인트다. 엔진소리, 바람소리, 타이어 구르는 소리, 노면의 잡소리 등이 실내로 어느 정도 들어오는지, 특별히 귀에 거슬리는 소리는 없는지 등을 점검하자.

009

임시운행기간에 반드시 해야 할 일

새 차를 장만하면 마치 새 집을 산 것처럼 기분이 들뜬다. 빨리 새 차를 몰아보고 싶은 마음에 차의 출고, 인도, 등록 과정을 소홀히 하기 쉽다. 그러나 차 인수 과정에서 주의하지 않으면 두고두고 후회할 일이 생길 수 있다. 차의 결함이 뒤늦게 발견되기도 하는데, 섣불리 등록을 해버려 중대 결함이 드러난 차를 반납하는 데 애를 먹기도 한다. 번호판 달면 교환은 물 건너간다.

☑ 출고 즉시 확인해야 할 사항
차가 출고되면 운전 경험이 많은 사람의 도움을 받아 차량의 정상 여부를 확인하는 게 좋다. 자동차는 3만여 개의 부품으로 구성된 정밀한 기계이므로 하자가 발생할 가능성을 무시할 수 없다.

① 차종, 색상, 옵션 등이 맞는지, ② 오일류와 냉각수 등이 새지는 않는지, ③ 용접 불량이나 작동 불량 등은 없는지, ④ 차대번호로 차 생산 일자가 6개월이 넘지는 않는지 등을 확인하자. 이때 인수를 거부하지 않으면 나중에 차를 교환하는 것은 사실상 불가능하다.

☑ 가급적 직접 탁송이 좋다
차를 인수할 때는 소비자가 출고장이나 대리점에 직접 가는 것이 바람직하다. 탁송료를 절약할 수 있고, 자칫 탁송 과정에서 생길 수 있는 크고 작은 흠집에 대한 시비를 없앨 수 있기 때문이다.

또 차를 인수도 하기 전에, 또는 인수하자마다 등록부터 하는 사람들이 있는데 이는 절대 금물이다. 차에 대한 중대한 결함이 발견될 수 있기 때문이다. 한번 등록한 차를 자동차회사에 반납하는 절차는 매우 까다롭고 복잡하다. 현행 자동차관리법은 차 출고일로부터 10일간의 임시 운행기간을 부여하고 있다. 이 기간 중 차 상태와 기능의 정상 여부 등을 충분히 확인한 후에 등록하라는 취지다.

010

자동차용품 O, X, △로 분류하기

자동차용품은 운전의 재미와 편의성을 높여 주지만 잘못 고르면 애물단지로 전락한다. 있으나마나 하면 그나마 괜찮은데 오히려 운전에 방해가 되는 용품도 있다. 다음 기준을 고려해 내게 꼭 필요한 용품만 마련하자.

☑ 꼭 필요한 용품(O)

① 핸즈프리, 삼각대, 소화기 등 안전 품목

핸즈프리는 운전 중 통화 단속이 시작되면서 차 구입 시 기본 옵션으로 제공될 만큼 일반화된 용품이다. 다기능의 고가 제품보다는 꼭 필요한 기능만 있는 깔끔한 스타일이 좋다. 차에 소화기를 갖추는 사람은 드물지만, 화재 발생 시 매우 요긴하게 쓸 수 있다.

② 곰팡이 제거제, 성에 제거제, 습기 제거제

특정 계절에만 필요한 용품들은 해당 기간에만 가지고 다니고, 그 외 기간에는 차에서 치우는 게 연비를 높이는 비결이다.

☑ 있으면 좋고 없어도 그만인 용품(△)

① 대형 룸미러, 짙은 선팅

사각지대를 좁혀 주는 대형 룸미러, 자외선을 차단하는 짙은 선팅도 기대에 비해 효과가 그리 크지 않다. 특히 짙은 선팅은 야간 운전 시 시야를 방해해 사고를 초래하거나 단속 대상이 될 수 있다.

② 시트커버, 핸들커버

새 차에 별도의 시트커버를 씌우면 시트와 커버 사이에 습기가 차거나 이물질이 쌓여 실내 환경을 저해한다. 가죽 시트를 선택하거나 직물 시트를 깔끔하게 유지하는 편이 좋다. 핸들 커버도 마찬가지다. 땀과 습기가 스며 실내 악취의 주범이 된다.

차체에 살짝 테이핑을 하거나 스티커를 붙이는 정도는 나쁠 게 없다. 적은 돈으로 나만의 개성을 과시할 수 있는 방법이다. 다만 너무 넓은 부위에 하거나 오랫동안 떼지 않으면 나중에 흔적이 남을 수 있다.

③ 방향제

방향제는 너무 진한 향을 고르지 않는 것이 좋다. 방향제 대신 숯을 시트 아래에 넣어두어도 탈취 효과를 볼 수 있다.

④ 청소용품

먼지털이, 왁스, 융 등 청소용품을 구비해 자주 관리하면 세차 비용을 아낄 수 있다. 하지만 그것들을 꼭 차에 싣고 다닐 필요는 없다. 짐이 늘수록 연비는 나빠진다.

☑ 있으면 안 되는 용품(X)

① 핸들 부착 장치(핸들봉)

핸들에 부착해 한 손으로 조작할 수 있게 해주는 일명 핸들봉은 당장 치워야 한다. 충돌 시 그 용품에 2차 상해를 입을 수 있고, 노면 장애물이나 웅덩이 등에 부딪혀 핸들이 제멋대로 돌아갈 때 손가락 부상이나 안전사고를 초래할 가능성이 있다. 두 손으로 핸들을 조작할 때보다 민첩성이 떨어진다는 것도 문제다.

② 에어백 위치의 물품

에어백이 내장된 곳에는 아무것도 없어야 한다. 최근 조수석에도 에어백을 설치하는 경우가 많은데, 사고 시 에어백이 터지는 부위에 물건을 놓아두거나 방향제 등을 붙여 놓으면 큰 위험이 따를 수 있다.

③ 두꺼운 방석, 장식품

시트에 두꺼운 방석을 얹는 것도 좋지 않다. 시트를 몸에 맞게 잘 조절하면 방석은 필요 없다. 룸미러 등에 인형을 달아 놓거나 대시보드 위에 장식용 물건을 잔뜩 올려놓는 것도 운전 집중도를 떨어뜨리므로 자제하는 것이 바람직하다.

011
주행거리 2,000㎞까지가
중요한 이유

　노트북이나 휴대폰을 구입하면 사용설명서를 잘 읽으면서, 웬일인지 새 차를 구입하면 바로 몰고 나가기 바쁘다. 새 차 인도 후에 가장 먼저 해야 할 일은 출고 시 지급된 사용설명서를 읽고 익히는 일이다. 요즘 나오는 신차에는 각종 신기술이 적용되어 있다. 인터넷이나 유튜브에 떠돌아다니는 잘못된 상식이나 오래된 정보를 따르다가는 오작동이나 고장의 원인이 될 수 있다.

　새 차는 '길들이기'가 필요하다. 자동차의 3만여 개 부품들이 최적의 상태로 자리 잡도록 하는 작업이다. 어떻게 길들이느냐에 따라 새 차의 성능과 수명이 달라진다.

☑ 첫 시동 시 워밍업하기

최초 주행거리 2,000㎞에 도달할 때까지는 부드럽게 운전해야 하고 엔진오일은 반드시 교환해 주는 게 좋다. 무리한 운행은 엔진의 성능과 수명에 악영향을 미친다. 고속으로 회전하는 엔진이 받게 되는 부하를 서서히 높여 주라는 얘기다.

　따라서 이 기간 동안에는 첫 시동 시 워밍업이 필요하다. 시동을 걸고 잠시 기다려 엔진오일이 골고루 퍼지게 한 뒤 출발해야 한다. 봄에서 가을까지는 1분, 겨울은 3분이 적당하다. 특히 터보 차량을 고장 없이 타려면 이 과정이 필수다.

☑ 과속, 급가속, 급제동 하지 않기

엔진 회전수는 3,500rpm 이상 올라가지 않도록 한다. 과속, 급가속, 급제동 등도 길들여지지 않은 엔진과 관련 부품을 혹사시키게 된다. 또 일정한 속도로만 장거리 주행하는 것보다 변속기 각 단의 기어가 골고루 작동되도록 하는 것이 좋다. 다행인 것은 요즘 차들은 주요 부품을 코팅처리하는 등 기술력이 좋아져, 예전처럼 새 차 길들이기에 지나치게 신경 쓸 필요는 없다는 사실이다.

☑ 광택, 코팅, 자동세차 피하기

출고 직후에는 광택 작업이나 유리막 코팅, 자동 세차를 피하는 게 좋다. 출고 후 약 3개월 정도는 보디의 페인트가 완전하게 숙성·건조되는 기간으로 봐야 한다. 실리콘이 포함된 왁스 칠이나 유리막 코팅, 도장 면을 벗겨내는 기계 광택 등은 오히려 차체 페인트를 손상시킬 수 있다. 산, 강, 바다와 가까운 곳에 주차를 하는 차, 비가 많이 오는 지역에 있는 차라면 하체 언더코팅을 추천한다. 보디와 하체 부식을 줄일 수 있기 때문이다.

012

사자마자 고장 잦은 차
대처하기

새 차를 사자마자 크고 작은 고장이 연달아 발생하는 경우가 있다. 이른바 뽑기를 잘못한 것이다. 자동차회사에 교환을 요구해도 까다로운 조건과 절차 탓에 사실상 교환은 하늘의 별 따기와 같다. 소비자만 분통이 터진다. 이럴 때는 혼자 자동차회사를 상대하려 하지 말고, 소비자보호원이나 관련 단체에 도움을 청하는 등 냉정하게 대처해야 한다.

☑ 소비자 피해보상 규정 개정

우선 최근 개정된 소비자 피해보상 규정을 알아두면 도움이 된다. '중대한 결함'의 구체적 항목을 삭제함으로써 피해보상 범위를 포괄적으로 확대했다. 따라서 과거와 달리, 누수나 과도한 소음 등도 교환·환불의 사유가 된다.

개정 전	출고한 지 1년 이내인 차의 핸들·브레이크·엔진·동력전달장치에 '중대한 결함'이 3회 이상 '반복적으로' 생기거나, 수리 기간이 30일(작업일수 기준)을 초과할 때만 새 차로 교환받거나 환불 가능
개정 후	이전 조항에서 '중대한 결함'의 구체적 항목 삭제, '주행 및 안전 등과 관련한 중대한 결함'으로 범위 확대

☑ 소비자와 메이커 간 분쟁이 있을 경우

물론 그렇다고 해서 분쟁의 소지가 없어진 건 아니다. 소비자는 중대한 결함이라고 주장하는 반면 자동차회사는 사소한 불만 사항으로 보는 경우가 많다. 이런 경우에는 차의 관련 부품을 분해하거나 교환한 정비내역서를 근거로 판정을 내릴 수밖에 없다. 따라서 정비내역서를 챙겨두는 것이 매우 중요하다.

문제는 자동차회사 측이 가능한 한 세부 정비내역서를 소비자에게 발급해 주지 않으려 한다는 것이다. 내부 정보라는 이유에서다. 이럴 경우 소비자는 정비내역서를 적극적으로 요구하되, 여의치 않으면 수리내역서를 상세하게 기재해서 증거를 확보해야 한다.

개정안에 따르면, 사전에 성능 점검을 받은 중고차는 차 인도일로부터 30일 또는 주행거리 2,000㎞ 이내에 하자가 발생하면 무상 수리나 보상을 받을 수 있다. 또한 주차장에 세워 놓은 차가 없어지거나 훼손된 경우 등도 손해배상이 가능해졌다.

가솔린 vs. 디젤, 차의 원리 이해하기

CHAPTER

02

013

휘발유는 토크가 약하고
출력이 강하다

가솔린(휘발유)차, 디젤(경유)차, LPG차, 전기차, 하이브리드차, 수소차 등 예전에 비해 자동차 선택의 폭이 넓어졌다. 각 연료별 특성을 파악하고 내게 맞는 차를 구입하는 것이 경제 운전, 안전 운전의 지름길이다.

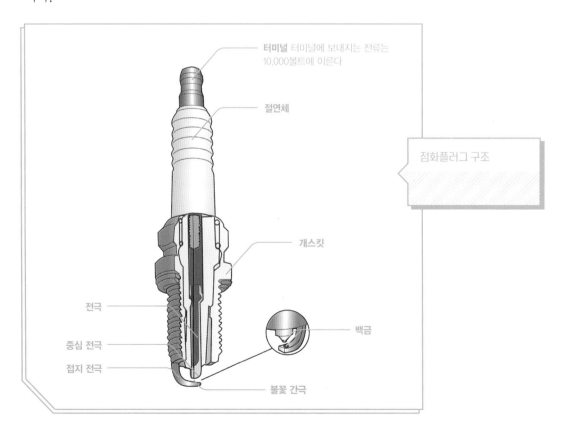

터미널 터미널에 보내지는 전류는 10,000볼트에 이른다

절연체

점화플러그 구조

개스킷

전극

중심 전극

접지 전극

백금

불꽃 간극

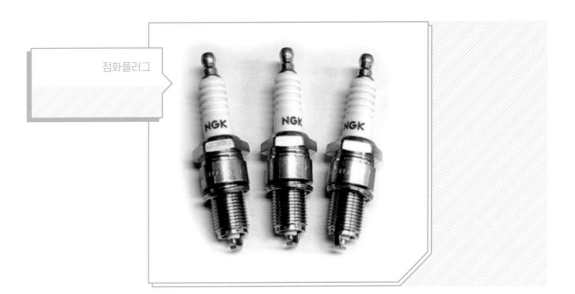
점화플러그

대표적 자동차 연료인 휘발유는 인화성이 높다. 석유류 중 가장 불이 잘 붙는 위험한 유종이다. 다른 물질을 녹이는 용해력도 크고, 말 그대로 휘발성도 강하다. 하지만 휘발유 엔진은 점화 장치가 있어야 폭발이 이루어진다. 반드시 점화플러그가 필요하다는 의미다. 점화플러그에 전기 신호를 주어 불꽃을 튀기는 순간 폭발이 일어나는 구조다. 전기장치를 사용하므로 물이나 습기에 약하다.

휘발유는 디젤에 비해 토크가 약해 소형차, 승용차에 적합한 편이다. 반면, 출력은 디젤보다 훨씬 강해 최고 속도를 내는 데 용이하다. 가짜 휘발유는 엔진 등에 치명적인 고장을 유발하므로 절대 사용해서는 안 된다.

014

가솔린과 디젤은
무엇이 다른가?

　가솔린(휘발유)은 비중이 작고 끓는점도 낮아, 발화점이 있으면 쉽게 불붙는다. 반면 디젤(경유)은 쉽게 불붙지는 않지만, 고온 상태에서는 발화점이 없어도 저절로 불붙기 쉽다. 즉 착화성은 가솔린보다 디젤이 높다. 따라서 가솔린 차는 압축비가 비교적 낮고 점화플러그로 불을 붙이는 엔진과 궁합이 맞고, 디젤차는 점화플러그 없이 공기를 압축해 고온으로 만드는 엔진과 궁합이 맞는다.

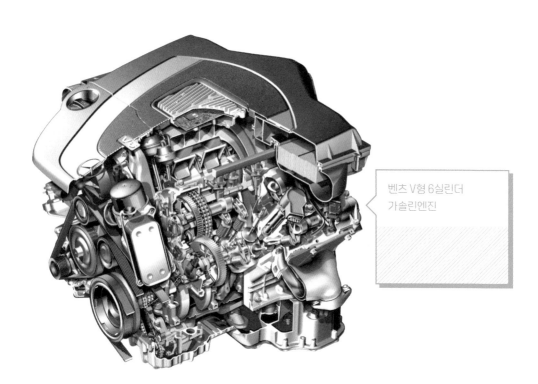

벤츠 V형 6실린더
가솔린엔진

재규어의 디젤엔진

☑ 가솔린은 200종 이상의 화합물

가솔린과 디젤 모두 수많은 성분이 섞여 있는 탄화수소 화합물이다. 가솔린에는 벤젠, 알켄, 톨루엔, 크셀렌 같은 대표 성분 외에도 수소와 탄소 원자가 다양한 방식으로 결합한 200~300종의 성분이 포함되어 있다.

바이오 에탄올을 원료로 한 첨가제 ETBE<small>Ethyl tert-butyl ether</small>는 가솔린의 옥탄가를 높여 폭발력을 향상시켜준다. 식물 유래 성분이므로 이산화탄소 배출을 억제하는 효과도 있다. 그 밖에도 청정제, 방청제 등이 들어 있다.

☑ 디젤은 힘, 문제는 배기가스

디젤의 주성분은 알켄으로 세탄가가 높다. 세탄가란 '얼마나 불이 잘 붙는가'를 표시한다. 세탄가가 높을수록 자연 발화가 쉬워서 단숨에 연소되는 것이다. 디젤을 사용하면 엔진의 구동력은 강해지지만, 연소 온도가 높아지면서 배기가스 속의 질소 산화물이 증가하고 연료가 분사되는 중심 주위의 산소가 부족해져 미세먼지가 발생한다는 단점이 있다. 또한 디젤은 낮은 온도에서 얼어붙기 때문에 추운 지방에서 운행하는 디젤차는 특별히 어는점이 낮은 연료를 사용해야 한다.

015

열효율과 압축비가 높은
디젤엔진

디젤엔진은 디젤, 즉 경유를 연료로 사용한다. 디젤엔진의 장점은 단연 우수한 연비인데, 디젤엔진의 연비가 좋은 것은 열효율이 높기 때문이다. 디젤엔진은 휘발유 엔진보다 압축비가 훨씬 높다. 강하게 압축하는 만큼 큰 에너지가 나오는 것이다.

앞에서도 말했지만 디젤엔진에는 점화장치가 없다. 실린더에 공기만

⚡ 박병일 명장의 **자동차 TIP** ⚡

커먼레일 디젤엔진의 배기가스 저감 시스템

디젤엔진을 말할 때 빼놓을 수 없는 게 배기가스다. 디젤엔진의 배기가스(질소 산화물, 흑연, 미립자상 물질 등)는 연소가 제대로 이루어지지 않을 때 많이 발생한다. 아직까지 국내에서 판매되는 경유에는 황 성분이 많아 배기가스에 황산이 섞여 나오기도 한다.

최근 많은 디젤차에 커먼레일 방식이 적용되고 있다. 커먼레일이란 쉽게 말해 연료를 고압으로 분사하는 방식이다. 경유 입자가 미세하게 쪼개져서 안개처럼 분사되므로 연소 효율이 높아지고, 자연스럽게 매연이나 질소 산화물 등 공해물질 배출도 줄어든다. 엔진 회전이 부드러워지고 소음과 진동도 저감되는 부가적인 효과까지 얻을 수 있다.

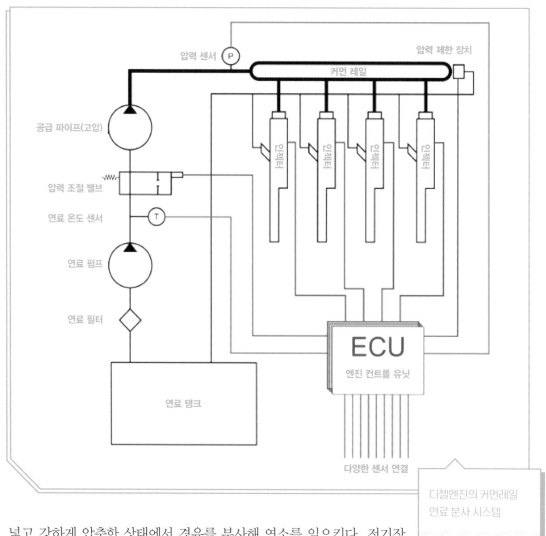

압력 센서 (P)
압력 제한 장치
커먼 레일
공급 파이프(고압)
압력 조절 밸브
연료 온도 센서 (T)
연료 펌프
연료 필터
연료 탱크
인젝터
ECU
엔진 컨트롤 유닛
다양한 센서 연결

디젤엔진의 커먼레일
연료 분사 시스템

넣고 강하게 압축한 상태에서 경유를 분사해 연소를 일으킨다. 전기장
치가 없으니 습기나 물에도 강하다.

　디젤엔진은 저속 토크가 강하다. 엔진 회전수가 낮은 저속에서도 강
한 힘을 발휘한다. 반면, 휘발유 엔진에 비해 최고 회전수는 낮다. 압축,
착화하는 데 걸리는 시간을 단축시키는 데 한계가 있기 때문이다. 압축
비와 폭발력이 높은 만큼 소음과 진동도 크다. 가끔 경유 값이 올랐다고
경유와 등유를 혼합해서 쓰는 운전자가 있는데, 연료장치 부품들이 손
상되어 수리 비용이 크게 들어갈 수 있으니 절대 해서는 안 된다.

016

스카이 액티브
엔진이란

가솔린엔진 분야의 기술을 거의 한계까지 높인 것이 스카이 액티브 기술이다. 요체는 열효율 향상과 배기가스 저감이다. 주행의 즐거움과 친환경이라는 양립할 수 없을 것 같던 목표를 완벽히 달성한 것이다.

스카이 액티브 기술은 엔진의 압축비를 한계까지 높임으로써 열효율 향상과 연비 향상을 이루어냈다. 급가속이나 오르막길 가속 등 높은 부

마츠다의
스카이액티브 엔진

스카이액티브 엔진을
탑재한 마일드
하이브리드,
마츠다 CX-90

하가 걸릴 때를 제외하곤, 흡기 밸브를 닫는 타이밍을 크게 늦춰서 빨아
들이는 공기와 연료의 양을 줄인 것이다.

　이렇게 실질적인 압축비를 낮춰도 기본 압축비가 높으므로 엔진은
충분히 힘을 발휘한다. 덕분에 배기량이 기존의 절반인 엔진으로 같은
양의 연소 가스에서 더 큰 구동력을 끌어낼 수 있다. 물론, 출력이 필요
할 때는 스포츠카로서 강력한 주행력을 발휘한다.

017

다운사이징 기술로 돌아온
터보차저

1974년 석유파동 이후 배출가스 규제가 본격화되었다. 배출가스를 줄임에 따라 출력이 약해진 차의 성능을 보완하는 장치로 터보차저가 개발되었다. 터보차저는 배기가스의 압력으로 터빈을 돌리고, 그 힘으로 압축기를 가동해 공기를 압축한다. 엔진에 압축된 공기를 공급함으로써 배기량 이상의 출력을 만들어내는 원리다.

그런데 터보차저에는 태생적 단점이 있었다. 저속 운행을 하거나 가속을 여러 차례 하면, 배출가스(부하)가 충분치 않아 연료 효율이 떨어진

디젤 직분사 터보차저를
탑재한 아우디 V6

터보차저

다는 점이다. 게다가 기술 발전에 따라 엔진 자체의 효율도 높아지면서, 터보차저는 스포츠카 등 일부 자동차에만 사용되어 왔다.

　최근 터보차저가 다시 주목받고 있는데, 부하가 낮을 때는 과급하지 않고 부하가 높을 때(가속 시)만 과급하는 다운사이징 터보가 개발되었기

⚡ 박병일 명장의 **자동차 TIP** ⚡

연비 좋은 다운사이징 터보

연소실에 적정 양의 연료를 분사하는 적정분사 방식 가솔린이 실용화되어, 연료 낭비 없이 기화열로 냉각시킬 수 있게 되자 터보가 부활했다. 직분사와 터보를 조합한 엔진은 과급에 따른 연료 온도 상승을 효율적으로 억제한다.

다운사이징 터보는 발진 가속, 추월 가속, 오르막길 가속 등 부하가 큰 상황에서 작동해 힘찬 주행을 보여주지만, 저속이나 정속 주행 시엔 작동하지 않는다. 소小 배기량 엔진으로 기능해 연비 향상에 도움을 주는 것이다.

한편, 직분사를 채용하지 않은 다운사이징 터보도 있다. 비용을 고려한 것으로, 그만큼 연비 향상 효과는 미미하지만 변속기 같은 구동계를 개량해 연비를 높인다.

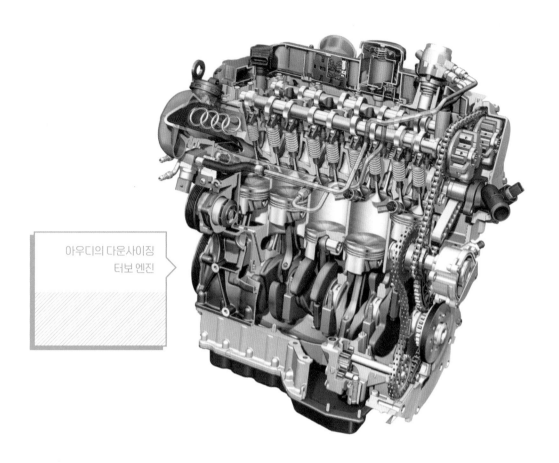

아우디의 다운사이징
터보 엔진

때문이다. 유럽에서 먼저 다운사이징 터보를 장착하기 시작했고, 현재
는 미국, 일본 자동차들도 많이 사용하고 있다. 세계에서 터보차저를 가
장 많이 생산하는 회사는 미국의 플랫앤휘트니Pratt & Whitney다. 2위는
미국의 보그너Bogner이며, 일본의 미쓰비시중공업과 IHI가 그 뒤를 잇
는다. 이 4개 회사가 전 세계 승용차용 터보차저의 대부분을 생산한다.

018

바이오
디젤이란

디젤엔진은 공기를 압축해 섭씨 500도 이상의 고온 상태로 만들고, 여기에 연료를 분사해 자연발화시킨다. 가솔린엔진은 석유 연료만 사용할 수 있는 데 반해, 디젤엔진은 다양한 연료를 사용할 수 있다. 식물이나 유기물을 원료로 한 연료를 바이오 연료라고 하고, 바이오 연료로 작동하는 디젤엔진을 바이오 디젤이라 부른다.

☑ 원료는 식물의 씨앗부터 해조류까지

바이오 디젤은 원칙적으로 탄소 중립이므로 대기 속의 이산화탄소를 늘리지 않는다. 유럽에서는 식물의 씨앗에서 나온 기름을 원료로 운행하는 디젤차들도 있다. 또한 몸속에 기름을 만들어 저장하는 해조류를 연료로 활용하는 연구도 진행 중이라고 한다.

☑ 석유 대체 인공 연료

가솔린이나 경유에 가까운 인공 연료를 만들기 위한 연구도 진행되고 있으며, 이미 시험 단계에 접어든 것도 있다. 인공으로 합성한 연료는 화석 연료보다 조성이 균일하고 품질도 안정적이다. 다만, 생산 단가가 문제다. 석유에서 정제한 연료와 비슷한 수준까지 가격을 낮추는 것이 쉽지 않다.

019

디젤차의 배출가스 저감장치와
요소수

디젤 자동차의 가장 큰 단점이라면 배출가스다. 그만큼 배출가스 저
감장치의 중요성이 크다. 그렇다면 디젤차의 핵심인 배출가스 저감장치
를 고장 없이 유지하는 방법에 대해 알아보자.

☑ 배출가스 저감장치 관리하기

① 품질이 검증된 연료(경유)를 사용한다.

② 연료 주입 시 세탄 부스터(경유 첨가제)를 사용하여 세탄가를 높여주
면 불완전연소를 막아 카본이 적게 발생한다. 따라서 DPF(디젤 여과 필
터)의 재생(버닝) 횟수와 연료 분사 횟수가 줄어들어 연비가 향상되고

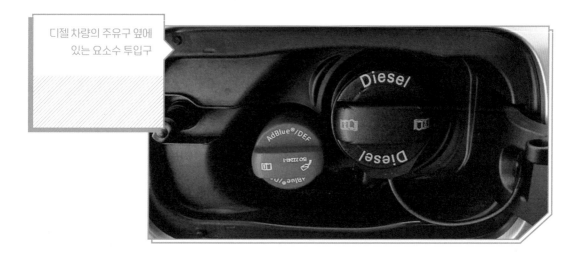

디젤 차량의 주유구 옆에
있는 요소수 투입구

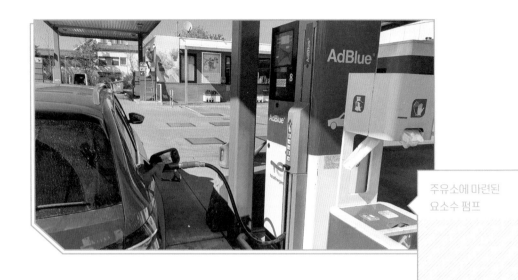

주유소에 마련된
요소수 펌프

DPF 수명이 연장된다. 또 DOC(디젤 산화 촉매)와 DPF 촉매의 자연 재생 효율도 좋아진다.

③ 요소수 필터는 매 100,000㎞마다 교체한다(각 차량의 매뉴얼 참조).

④ 검증된 전문점에서 매 100,000㎞마다 DPF 습식 클리닝을 받는다.

⑤ 정제된 요소수를 사용한다. 최근에는 트리우렛 정제 요소수를 판매하는 24시간 전문점(블루스테이션)도 영업 중이다.

☑ 요소수 경고등이 들어올 때

계기판에 요소수 경고등이 들어오는 원인은 트리우렛에 의한 펌프나 공급 모듈, 인젝터 막힘이거나 센서 고장이다. 그런데 경고등이 들어와서 트럭 제조사의 정비센터로 들어가면 보통 대기업의 정품 요소수로 교체하고 경고등을 지워준다. 그런데 얼마 운행하지 못해 경고등이 재점등되는 경우가 많다. 다시 정비센터로 가면 이번엔 필터와 펌프, 인젝터 등 부품을 전면 교체하라고 권유한다. 사실 요소수 관련 부품은 합리적 가격으로 수리가 가능하다. 무조건 교체를 권하는 것은 공정거래법과 대체부품 사용 관련법 위반 사항이니 주의해야 한다.

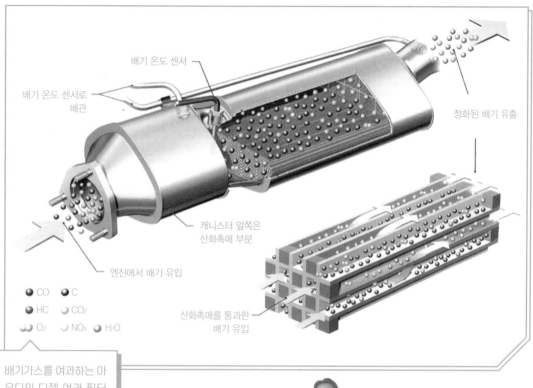

배기 온도 센서

배기 온도 센서로
배관

정화된 배기 유출

캐니스터 앞쪽은
산화촉매 부분

엔진에서 배기 유입

● CO　● C
● HC　○ CO₂
◑ O₂　○ NOx　● H₂O

산화촉매를 통과한
배기 유입

배기가스를 여과하는 아
우디의 디젤 여과 필터
(DPF) 장치

⚡ 박병일 명장의 **자동차 TIP** ⚡

트리우렛 정제 요소수란?

디젤용 요소수는 요소 32.5%와 순수한 물 67.5%로 이루어져 있다. 대부분의 요소 공장에서는 이산화탄소와 암모니아가스로 요소를 생산하는데, 이 과정에서 고온의 열에 의해 단백질성 불순물인 트리우렛*Triuet*이 생성된다. 트리우렛의 녹는점은 23.5도다. 녹는점 이하의 물에 요소를 녹이게 되면 맑고 깨끗한 요소수가 아닌 탁한 요소수가 된다.

따라서 대부분의 제조사들은 30도 이상의 온도에서 요소수를 생산한다. 맑아 보이지만 불순물이 그대로 녹아 있는 상태다. 이는 어떤 필터로도 정제되지 않는다는 게 문제다.

요소수 탱크 안으로 들어간 트리우렛은 온도 차에 의해 서로 달라붙고 요소수 필터에도 들러붙는다. 요소수 분사 장치(인젝터)의 펌프 압력을 약해지게 해서 계기판에 요소수 경고등이 점등된다. 또한 트리우렛은 요소수의 가수분해를 막아 암모니아 가스로 변환되는 과정을 방해한다. 결국 질소산화물(NOx) 제거율이 떨어지고 차량 출력 저하로 이어지는 것이다.

☑ 요소수가 필요 없는 HC-SCR 시스템

디젤 여과 장치(DPF)에 들어가는 질소산화물(NO$_x$) 정화용 촉매 시스템은 질소산화물의 환원을 위해 요소수를 사용한다. 그런데 요소수를 사용하지 않고 경유의 분해와 생성 과정에서 사용되는 탄화수소(HC)를 이용해 질소산화물을 정화하는 HC-SCR 시스템이 개발되었다. 요소수 투입은 물론 저장 탱크가 필요 없다는 것이 장점이다.

질소산화물 정화용
촉매 시스템 비교
(자료: 카탈러 코퍼레이션)

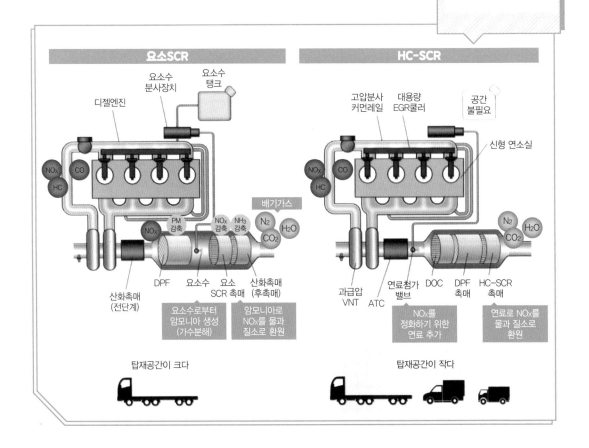

엔진을 알려면 스트로크와 보어를 알아야

자동차를 인체에 빗대 생각하면 엔진은 심장에 해당한다. 생명의 근원이기 때문이다. 엔진은 각종 첨단기술의 집합체다. 차 성능은 엔진에서 갈린다고 해도 과언이 아니다. 그러므로 엔진의 주요 특성 및 구조 정도는 알아두는 것이 좋다.

엔진의 형태는 보통 실린더의 보어(내경)와 스트로크(행정)의 비율에 따라 구분된다. 보어는 실린더의 지름을 말하고, 스트로크는 엔진 피스톤의 상사점과 하사점 간 거리, 즉 피스톤의 상하운동 거리를 말한다.

☑ 엔진 형태에 따른 분류

엔진 형태	실린더 비율	특징
쇼트 스트로크 엔진	보어 > 스트로크	실린더의 지름이 스트로크보다 긴 형태. 고속 회전에 유리해 고성능 차에 많이 사용된다.
롱 스트로크 엔진	보어 < 스트로크	보어보다 스트로크가 긴 형태. 압축비를 높일 수 있어 효율면에서 유리하지만 고속 회전에 약하다. 성능보다 승차감을 중시하는 차에 사용된다.
스퀘어 엔진	보어 = 스트로크	보어와 스트로크의 길이가 같은 구조. 정사각형 형태의 엔진으로 앞의 두 엔진의 중간 성능을 발휘한다.

폭스바겐의 VV형 8실린더 엔진

☑ 캠샤프트에 따른 분류, SOHC와 DOHC

엔진을 구분하는 또 다른 기준은 SOHC와 DOHC다. 일단 두 가지 엔진의 앞 글자인 S는 싱글이고 D는 더블이다. 뒤쪽에 공통으로 들어가는 OHC는 Over Head Camshaft를 말한다. 즉 캠샤프트가 하나면 SOHC, 둘이면 DOHC이다.

캠샤프트란 엔진 실린더의 밸브를 여닫는 장치다. SOHC는 한 개의 캠샤프트로 흡기와 배기를 모두 처리한다. 반면 DOHC는 두 개의 캠샤

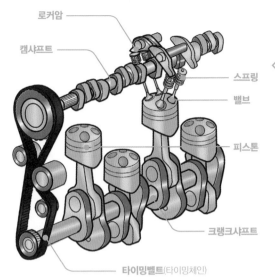

로커암

캠샤프트

스프링

밸브

피스톤

크랭크샤프트

타이밍벨트(타이밍체인)

SOHC 방식 *Single Overhead Camshaft*

1개의 캠샤프트로 밸브의 흡 · 배기를 하는 방식. 구조가 간단하고 가격도 저렴하지만, 4밸브화하면 구조가 복잡해지기 때문에 일반적으로 2~3밸브 엔진에 많이 사용된다.

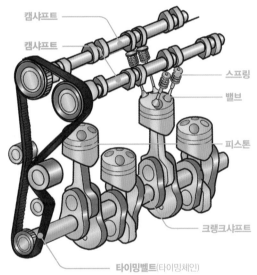

캠샤프트

캠샤프트

스프링

밸브

피스톤

크랭크샤프트

타이밍벨트(타이밍체인)

DOHC 방식 *Double Overhead Camshaft*

흡 · 배기 각 밸브에 캠샤프트를 1개씩 두는 방식이다. 4밸브를 장착해 캠으로 직접 개폐시키는 방식이 많아 고회전이 가능하므로 고출력 엔진에 주로 사용된다.

프트가 흡기밸브용, 배기밸브용으로 나눠 역할한다. 실린더당 흡기밸브 2개, 배기밸브 2개씩 모두 4개의 밸브를 적용한 게 보통이지만, 흡기 1개와 배기 1개의 밸브만 사용하는 경우도 있다. DOHC를 트윈캠이라고 부르기도 한다.

021

압축비가 큰 차가
큰 힘을 발휘한다

　엔진의 압축비는 엔진 효율을 결정짓는 중요한 요소다. 그렇다면 압축비란 무엇일까? 엔진 실린더 내 피스톤이 하사점에 왔을 때의 실린더 부피와 상사점에 갔을 때 실린더 부피의 비율을 말한다. 압축비가 크다는 것은 폭발력이 좋다는 의미이므로 엔진의 힘이 크고 소모되는 연료의 양은 적다. 대신 소리가 크고 진동이 강할 수밖에 없다.

☑ 휘발유 엔진은 10:1, 디젤엔진은 15:1
휘발유 엔진의 경우 압축비가 높을수록 노킹(knocking: 엔진의 조기 점화에 의한 비정상적 연소) 현상이 발생할 위험이 증가한다. 휘발유 엔진의 압축비가 대부분 10대 1을 넘지 않는 이유다. 요즘 나오는 차 중에는 성능을 높이기 위해 13:1의 압축비를 가진 차도 있다.

　디젤엔진은 자연 착화 방식인 만큼 압축비가 높다. 연료 스스로 폭발할 만큼 강하게 압축해 주어야 하기 때문이다. 압축비가 크면 훨씬 강한 압력을 견뎌야 하는 만큼 엔진을 더 튼튼하게 만들어야 한다. 대신 디젤엔진에는 점화플러그 등의 점화장치가 필요 없다. 디젤엔진의 압축비는 15:1 전후이다.

☑ 배기량을 늘리지 않고 힘을 키운다, 터보차저
엔진의 힘과 배기량이 비례한다는 것은 상식이다. 문제는 배기량이 커

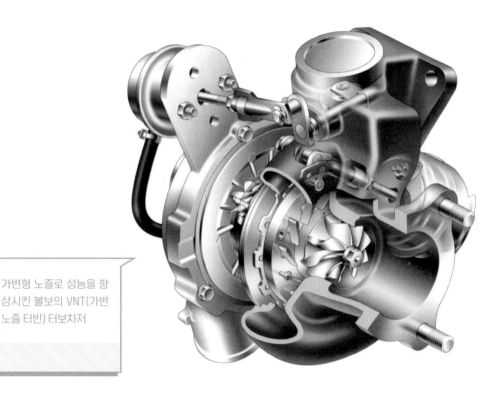

가변형 노즐로 성능을 향상시킨 볼보의 VNT(가변 노즐 터빈) 터보차저

지면 유류비와 세금 부담이 늘어난다는 점이다. 그런데 배기량을 늘리지 않고 힘을 키우는 기술이 바로 '터보차저'이다. 터보차저가 처음 사용된 곳은 항공기다. 공기가 희박한 공중에서 연소실에 최대한 많은 공기를 밀어 넣기 위해서 '압축'이 필요했던 것이다.

터보차저는 배기가스가 배출되는 힘을 이용해 터빈을 돌려, 실린더에 공기를 강제 주입한다. 이 과정에서 필연적으로 시차가 발생한다. 가속 페달을 눌러 터보를 작동해도 실제 작동하기까지는 약간의 편차가 발생하는 것이다. 시간 차 없이 기계적으로 터보를 작동시키는 슈퍼차저도 있다.

배기가스를 이용해 압축한 공기는 당연히 뜨거운 상태. 압축 효율이 높지 않다는 의미다. 압축 효율을 높이려면 공기를 식혀야 한다. 따라서 강제 압축된 공기를 식힐 인터쿨러를 장착해 터보의 성능을 향상시킨다.

022

가로, 세로, 직렬, V형
엔진 배치

보닛을 열고 엔진룸을 들여다보면 차마다 엔진의 위치와 구조가 제각각임을 알 수 있다. 그렇다면 이런 배열의 차이는 차의 성능에 어떤 영향을 미치는지 알아보자.

☑ 가로 엔진, 세로 엔진

엔진룸 안의 엔진은 가로로 놓이기도 하고 세로로 놓이기도 한다. 사실 엔진은 엔진룸 정중앙에 세로로 놓이는 게 이상적이다. 좌우의 무게 배분이 정확해지기 때문이다. 하지만 대부분의 차량은 엔진룸 공간이 좁

엔진을 세로 형태로 배치한 BMW M3 쿠페

고 제약이 많아 엔진을 가로로 놓는다. 특히 전륜구동 차는 대부분 가로 배치를 선택한다.

후륜구동이나 사륜구동 차는 엔진을 세로로 배치한다. 동력을 전달할 때, 좌우 바퀴까지의 거리가 정확하게 동일해야 사륜구동이 제대로 작동하기 때문이다.

☑ 직렬 엔진, V형 엔진

직렬 엔진은 엔진 내부의 실린더를 일렬로 나란히 배열한 형태를 말한다. 현재의 기술로는 6기통까지가 한계로, 그 이상은 직렬이 불가능한 것으로 알려져 있다. 직렬 방식은 소음과 진동을 줄이는 데 유리한 반면 공간 활용도는 떨어진다.

V형 엔진은 실린더를 V자 형태로 배치한 것이다. V자 2개를 붙이면 W형이 된다. 기통수를 늘리면서도 공간 활용도가 좋은 구조다. 직렬에 비해 시끄럽다는 문제가 있는데, 마주한 실린더들이 서로 충격을 상쇄해 오히려 조용하다는 사람들도 있다. 요즘엔 관련 기술의 발전으로 직렬이라서 더 조용하고 V형이라서 시끄럽다고 단정하기는 어려워졌다.

☑ 직분사 엔진

엔진 실린더 내에 공기만 압축해 놓은 상태에서 전자 제어되는 노즐을 통해 최적의 연료를 분사하는 방식이다. 미세한 조정이 가능해 엔진의 고성능화, 최적화는 물론 연비도 획기적으로 개선된다.

디젤엔진의 커먼레일 역시 이와 비슷한 구조다. 커먼레일은 공기가 압축된 실린더에서 자연 착화가 일어날 수 있도록, 정교하게 계산된 양만큼 경유를 고압으로 분사한다. 연비 개선은 물론 배기가스도 저감되는 효과가 있다.

엔진 배치와 엔진 마운트의 관계

엔진 마운트는 엔진 서포트, 엔진 미미라고도 불린다(미미는 일본식 표현이므로 쓰지 않는 것이 좋겠다). 엔진에서 발생하는 소음과 진동이 운전자에게 그대로 전달되는 것을 막기 위한 엔진 지지 장치를 마운트라고 한다.

따라서 평소와 달리 차체의 진동이 심하다면 엔진 마운트 고장을 의심해봐야 한다. 엔진 마운트 고장의 가장 큰 원인은 장시간 사용과 잦은 변속에 따른 방진 고무 부분의 경화이다. 방진 고무의 경도는 타이어가 구동하면서 그 반발력이 엔진 쪽에 전달되는 '앞뒤 요동'과 현가장치에 의한 '좌우 요동'의 균형을 고려해 결정된다.

가로 배치 전륜구동 차와 세로 배치 후륜구동 차를 비교해 보면, 좌우 요동은 별 차이가 없다. 반면 구동력이 뒷바퀴로 전달되는 후륜구동의 경우 앞뒤 요동이 작다. 그만큼 방진고무를 부드럽게 만들 수 있으므로 방진 대책에 있어서는 후륜구동이 유리하다 하겠다.

BMW 엔진 마운트

023

LPG 엔진의
특징

LPG차의 엔진은 가솔린차와 거의 흡사하다. LPG차의 연료로 사용되는 LPG는 액화석유가스의 줄임말이다. 원유를 정제하는 과정이나 유전에서 부산물로 생기는 가스에 압력을 가해 액체로 만든 것으로, 자동차 연료뿐 아니라 가정용으로도 사용된다.

☑ LPG 엔진의 장단점

가솔린엔진과 LPG 엔진의 구조가 비슷하다 보니, 종종 연료비를 아끼기 위해 가솔린엔진을 LPG 엔진으로 개조하는 경우가 있다. 하지만 LPG 엔진은 가솔린엔진만큼 성능을 내지 못한다. 연료의 특성상 효율이 좋지 않은 데다 관련 기술이 아직 개발되지 않았기 때문이다.

LPG 엔진의 장점이라면 가격이 싸고 상대적으로 유해 배기가스 배출량이 적다는 것이다. 연소실에 카본(탄소)이 쌓이지 않아 점화플러그를 오래 쓸 수 있다는 점도 장점이다. 엔진 소음이 적고 옥탄가(90~125)가 높아 노킹 현상도 거의 일어나지 않는다.

☑ 부산의 LPG와 철원의 LPG가 다른 이유

자동차용 LPG의 주성분은 프로판과 부탄인데, 그 배합 비율은 지역에

현대자동차의 LPG 엔진

르노의 QM6 LPG 차량

따라 다르다. 추운 지역에서는 동결 방지를 위해 프로판의 비율을 높이기 때문이다. 겨울철 부산에서 판매하는 LPG와 철원에서 판매하는 LPG의 성분이 다른 이유다.

　LPG는 원래 무색, 무취, 무미에 독성도 없다. 하지만 안전을 위해 냄새가 나도록 첨가물을 넣는다. 누출 사고에 대비한 조치다. LPG가 누출되면 공기보다 비중이 높아서 흩어지지 않고 낮은 곳으로 모인다. LPG 차를 타고 가다가 가스 냄새가 나면 즉시 문을 열고 환기해야 한다.

⚡ 박병일 명장의 **자동차 TIP** ⚡

LPG차 운전자가 꼭 알아야 할 2가지

① 연료 필터 교체

LPG 연료엔 타르 성분이 들어가 있다. 연료 인젝터가 막혀 부조 현상이 발생할 수 있으므로 연료 필터를 30,000~50,000㎞마다 교환해 주는 것을 잊지 말아야 한다.

② 연료 게이지

LPG 차의 연료 게이지가 풀Full로 표시되더라도 실제로는 85% 정도만 충전되었다고 봐야 한다. 가끔은 실제 연료량과 연료 게이지 간의 격차가 너무 커서 정비가 필요할 때도 있다.

024

수동변속기는
불편함이 매력

자동변속기는 자동으로 속도가 바뀌고, 수동변속기는 운전자가 일일이 속도를 바꿔야 한다. 즉 빈번한 기어 조작이 필수여서 불편하고 성가시다. 그런데 이렇게 불편한 수동변속기를 왜 고집하는 걸까? 일단 수동변속기는 기름을 덜 먹는다. 자동변속기보다 가격도 싸다. 또 운전하는 맛이 있다고 한다. 내 스스로 판단해 변속하는 것이 진정한 운전의 재미라는 것이다.

수동변속기의 클러치 조작과 변속은 빠르게 하는 것이 좋다. 클러치

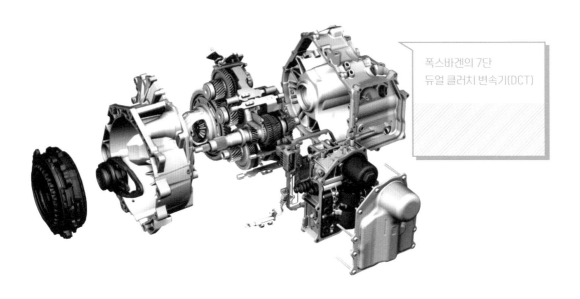

폭스바겐의 7단
듀얼 클러치 변속기(DCT)

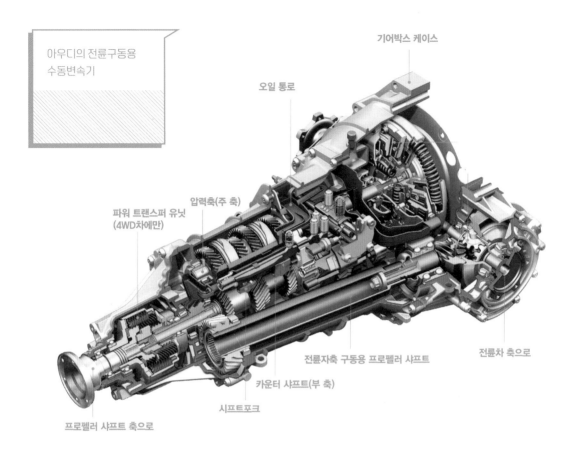

아우디의 전륜구동용
수동변속기

기어박스 케이스

오일 통로

압력축(주 축)

파워 트랜스퍼 유닛
(4WD차에만)

전륜차 축으로

전륜자축 구동용 프로펠러 샤프트

카운터 샤프트(부 축)

시프트포크

프로펠러 샤프트 축으로

를 반쯤 밟은 상태가 오래되면 클러치 디스크가 닳고, 심하면 타는 냄새
가 나기도 한다. 만약 클러치가 고장났다면 플라이휠 압력판, 디스크,
스러스트 베어링, 센터 베어링은 풀 세트로 교환하는 것이 바람직하다.

  전 세계적으로 수동변속기 차량의 인기는 하락 중이다. 운전의 재미
가 자동변속기의 편리함을 이기지 못하기 때문이다. 이 틈을 비집고 등
장한 것이 바로 듀얼 클러치 변속기(DCT)이다. DCT는 2개의 클러치와 2
개의 축으로 구동하는 차세대 자동변속기라 할 수 있는데, 2개의 클러
치가 각각 홀수 단, 짝수 단과 연결된다. 자동변속기의 편리함과 수동변
속기의 반응성을 모두 갖췄다고 할 수 있다.

025

자동변속기 단수는 왜 늘어나는 걸까?

    자동변속기는 기어 조작에 미숙해도 시동이 꺼질 염려가 없고 변속의 번거로움도 없는 매우 편리한 장치다. 그런데 자동변속기도 임의로 변속하는 즐거움을 누릴 수 있다. 즉 L에서 2, 3단을 거쳐 D모드로 변속 레버를 움직이는 것이다. 물론 주행 속도를 고려하지 않고 변속하다가는 고장을 부를 수 있다.

    요즘은 8단 변속기까지 상용화되어 있다. 스포츠카에서는 9단도 사

승용차 최초로 9단 변속기를 탑재한 레인지로버 이보크(2014)

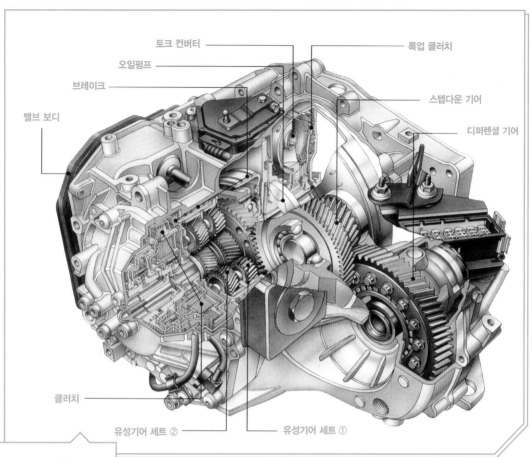

토크 컨버터 ──── 록업 클러치
오일펌프 ────
브레이크 ──── 스텝다운 기어
밸브 보디 디퍼렌셜 기어

클러치 ────
유성기어 세트 ② ──── 유성기어 세트 ①

듀얼 클러치
자동변속기의 구조

용된다. 변속기 단수가 늘어난다는 것은 동력을 보다 효율적으로 사용
할 수 있다는 의미다. 일반적으로 낮은 단수는 출력을 위해, 높은 단수
는 연비와 속도를 위해 설계된다. 고속 주행시 높은 단수를 이용하면 연
비 효율을 높일 수 있다.

　그런데 소형차에는 높은 단수를 적용하지 않는다. 변속기의 단수를
높일수록 변속기가 크고 무거워지기 때문이다. 공간이 적은 엔진룸에
배치하기 어렵다는 물리적 문제뿐 아니라, 차의 중량이 무거워지므로
낮은 단수에서 회전수를 늘리기 위해서는 연비가 나빠지기 때문이다.

026

자동변속기+수동변속기,
팁트로닉

자동변속기는 편리하긴 하지만 확실히 운전하는 재미가 덜하다. 속도에 따라, 주변 상황에 따라, 운전자의 기분에 맞춰 변속하는 재미가 없기 때문이다. 자동의 편리함에 수동의 재미를 더한 것이 팁트로닉 Tiptronic 변속기다.

☑ 포르쉐는 팁트로닉, 현대차는 H메틱

자동변속의 편리함에 수동변속의 재미를 더한 '팁트로닉' 시스템은 이를 최초로 개발한 포르쉐가 붙인 이름이다. 이후 사브, BMW, 벤츠, 아우

현대자동차의 팁트로닉
변속기(H-메틱)

팁트로닉 변속기를 탑재한 아우디 차량의 내부

디 등 해외 메이커와 현대기아차 등 거의 모든 자동차회사가 사용하고 있다. 따라서 명칭도 팁트로닉, 스텝트로닉, 터치시프트, H메틱 등으로 회사마다 다르다.

팁트로닉을 사용하면 순간 가속 능력이 좋아져 추월 시 매우 유용하다. 또 수동변속기 못지않게 엔진 브레이크를 사용할 수 있다.

☑ 팁트로닉 시스템 사용법

D모드에서 시프트 레버를 옆으로 옮기면 간단히 수동 모드로 바뀐다. 이 상태에서 시프트 레버를 위로 올리면 업, 아래로 내리면 다운이다. 그런데 BMW는 반대다. 즉 위로 치면 다운, 아래로 치면 업이다.

팁트로닉은 기본적으로 자동변속기다. 수동변속을 한다고는 하지만 rpm이 레드 존을 넘어가면 스스로 변속되기 때문이다. 수동 모드로 1단에 넣고 가속 페달을 계속 밟으면 2단, 3단으로 스스로 변속되는 것을 볼 수 있다. 물론 일부 변속기는 운전자가 변속할 때까지 변속되지 않는 경우도 있다. 차마다 다르므로 사용설명서를 잘 읽어봐야 한다.

027

무단변속기의
장단점

일반적으로 변속기는 입력 축과 출력 축이 기어로 맞물려 움직이면서 동력을 전달한다. 엔진이 만들어낸 동력이 기어를 거쳐 속도를 변환시키고, 이것이 구동축을 거쳐 타이어로 전달되는 구조다. 어떤 크기의 기어 몇 개가 어떻게 맞물리느냐에 따라 몇 단인지가 결정된다.

☑ 무단변속기CVT란

흔히 무단변속기라고 하는 것은 무단계 연속 가변 변속기Continuously Variable Transmission를 말한다. 기어 대신, 고장력 벨트와 풀리(벨트를 거는 원뿔형 회전축)로 속도를 조절한다. 기어가 없으므로 몇 단이라는 개념도 없고 기어비도 존재하지 않는다. 기어비가 매 순간 달라지므로 '연속적 기어비'라고 부르기도 한다.

변속기의 입력 축과 출력 축이 벨트로 연결되고, 벨트는 풀리라는 원뿔형 회전축을 따라 위아래로 움직이며 속도를 조절한다. 벨트가 풀리의 두꺼운 부분으로 이동하면 엔진의 힘을 더 크게 동력 축에 전달해 속도가 빨라진다. 반대로 벨트가 풀리의 얇은 부분으로 옮겨가면 속도가 줄어든다.

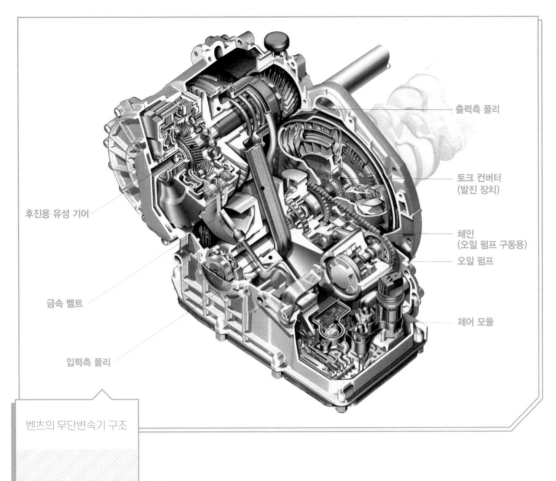

출력측 풀리

토크 컨버터
(발진 장치)

후진용 유성 기어

체인
(오일 펌프 구동용)

오일 펌프

금속 벨트

제어 모듈

입력측 풀리

벤츠의 무단변속기 구조

☑ 무단변속기의 장점

기어가 없으므로 변속에 따른 충격이 전혀 없다. 가속이 매끄럽고 동력
손실이 적어 연비 면에서 유리하다. 또한 상대적으로 구조가 간단해 자
동차의 경량화, 소형화에도 유리하다. 무단변속기 생산업체들은 생산비
가 저렴하고 유해 배기가스 배출도 줄어든다고 주장한다.

☑ 무단변속기의 단점

변속에 벨트를 사용하는 만큼 벨트가 헛돌 가능성이 있다. 스피드를 좋
아하는 운전자라면 운전 시 주의해야 한다. 내구성 또한 기존 변속기 수
준에 미치지 못하고, 고장 시 수리비 부담도 크다.

028

최고급 세단의
후륜구동 사랑

　엔진의 힘을 전달받아 구동되는 것이 '앞바퀴냐 뒷바퀴냐'에 따라 전륜구동FF과 후륜구동FR이 구분된다. 전륜구동은 엔진에서 앞바퀴까지의 거리가 짧은 만큼 구동 계통이 단순하다. 따라서 차를 작고 가볍게 만들 수 있으며 연비와 공간 활용면에서 유리하다. 단점이라면 차의 무게중심이 앞으로 쏠려 주행 안정성이 떨어진다는 것이다.

　후륜구동은 차 앞에 위치한 엔진의 동력을 뒷바퀴까지 전달해야 하므로 차의 중심을 가로지르는 프로펠러 샤프트가 필수다. 따라서 차가 무거워지고 힘이 전달되는 과정에서 일정 정도 손실이 예상된다. 반면

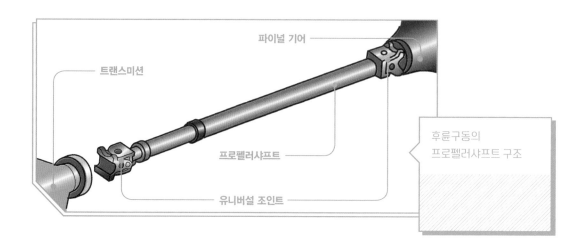

파이널 기어

트랜스미션

프로펠러샤프트

유니버설 조인트

후륜구동의
프로펠러샤프트 구조

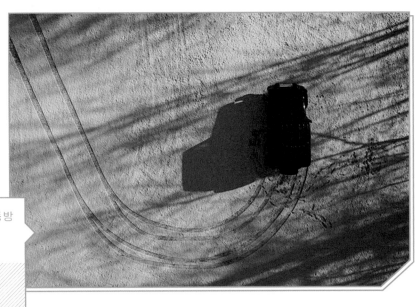

눈밭 주행에는 후륜구동 방식이 불리하다.

차량의 앞에 무거운 엔진이 있고 뒤에 무거운 차축이 놓여 앞뒤 균형이 잘 맞으므로 주행 안정성과 승차감이 좋다. 아우디, 벤츠, BMW 등 최고급 세단들이 FR을 고집하는 이유다.

⚡ 박병일 명장의 **자동차 TIP** ⚡

코너링과 눈밭 주행 시, 차이가 확인된다

평상시엔 FF와 FR의 큰 차이를 찾기 어렵지만, 코너링 시 한계 속도에 다다르면 FR이 조금 더 쉽게 컨트롤된다는 것을 알 수 있다. 조향 바퀴와 구동 바퀴가 구분되어 있기 때문이다. 가끔 폭설에 고급 차들이 움직이지 못한다는 뉴스를 보았을 것이다. FF에 비해 FR의 눈밭 구동력이 떨어지기 때문이다. 그래서 최근에는 후륜구동보다 4륜 구동 차들이 많이 나오고 있다.

029

첨단기술의 집약,
전기장치 약어

자동차는 첨단기술의 집약체다. 하루가 멀다 하고 관련 신기술이 쏟아져 나오고 검증 과정을 거쳐 적용되고 있다. 특히 안전과 직결된 브레이크와 타이어에는 첨단기술들이 집약되어 있고, 이는 전기장치 약어로 표시된다.

☑ 제동력 확보 장치, ABS

ABSAntilock Break System는 브레이크를 전자적으로 제어하는 장치로, 브레이크를 잡았다가 풀었다가 하는 작용을 빠르게 반복한다. 운전자가

1978년 현대식 ABS를
최초로 장착한 벤츠
W116(S) 모델

브레이크를 꽉 밟고 있더라도 실제로는 밟았다 풀었다를 반복하는 효과를 발휘한다. 이렇게 되면 차가 움직이는 한 타이어가 계속 회전하면서 조향과 제동력을 확보한다. ABS는 코너, 빗길 등에서 급제동 시 탁월한 성능을 보인다.

ABS를 장착하면 제동거리가 짧아진다는 오해가 있는데 이는 진실일까? 노면과 타이어 상태에 따라 ABS를 장착한 차량의 제동거리가 짧아질 수도 있지만, 항상 그런 것은 아니란 점을 알아두자.

☑ 미끄러짐 방지 장치, TCS

TCSTraction Control System는 멈춰 있던 차가 출발할 때 바퀴가 미끄러지는 것을 막아 부드럽고 안정적인 출발을 할 수 있게 해준다. 급가속할 경우, 구동력의 변화가 커서 바퀴가 헛돌 수 있는데 이런 문제도 예방한다.

센서가 바퀴의 움직임을 감지해 타이어가 미끄러지는 순간 그 신호를 컴퓨터로 보내서 타이어의 브레이크가 작동하는 원리다. 미끄러지는 타이어를 살짝살짝 브레이크로 달래 가면서 부드럽게 출발시킨다.

⚡ 박병일 명장의 **자동차 TIP** ⚡

기계식 ABS vs. 전자식 ABS

ABS는 가급적 센서와 ECU로 작동하는 전자식을 선택하는 것이 좋다. 단순히 브레이크 작동을 반복하는 기계식 ABS는 신뢰성이 크게 떨어지기 때문이다. 따라서 ABS는 새 차를 살 때 선택하는 것이 좋다. 한때 유행했던 출고 후 장착하는 제품들은 대부분 기계식이기 때문이다.

☑ 차체 자세 제어 장치, ESP

ABS나 TCS에서 한 차원 발전한 기술이 ESPElectronic Stability Program, 즉 차체 자세 제어장치다. 자동차 회사에 따라 VDCVehicle Dynamics Control 나 DSCDynamic Stability Control 등으로 부르기도 한다.

자동차는 가속, 제동, 코너링 등 주행 상황에 따라 수시로 자세가 불안정해진다. 한쪽으로 쏠리기도 하고, 뒤가 미끄러질 수도 있고, 때론 전복의 위험에 처하기도 한다. ESP는 이런 모든 불안한 상황에서 차의 자세를 최대한 안정적으로 제어해준다.

ESP 장치는 차의 곳곳에 있는 다양한 센서를 통해 차의 속도, 바퀴의 회전 상태, 중력의 변화, 조향각, 제동력, 차체 기울어짐 등을 실시간으로 파악한다. 이 정보를 토대로 차 스스로 바퀴를 제동하거나 회전력을 조절하고, 때로는 동력 전달을 차단하기도 한다. 한마디로 만능 제어장치라 할 수 있다.

⚡ 박병일 명장의 **자동차 TIP**

ESP를 꺼야 하는 경우

스스로 판단하고 조치하는 ESP 장치는 운전자의 실수를 보정해 주는 순기능도 하지만, 때로는 운전자의 의도와 다르게 작동하기도 한다. 즉 차가 심하게 기울었을 때에는 가속 페달을 밟아도 엔진이 반응하지 않거나 미미하게 반응한다.
운전자가 핸들 조작을 잘못해 오버 스티어링이 일어난 경우라면 ESP가 즉각 수정해 뉴트럴 스티어링을 유지할 것이다. 그런데 만약 진흙탕에 차가 빠졌다면 ESP를 끄는 게 좋다. ESP가 네 바퀴의 회전수를 동일하게 조절함으로써, 진흙탕에서 빠져나오는 데 애를 먹을 수 있기 때문이다.

☑ 전자 제어식 서스펜션, ECS

ECSElectronic Control Suspention는 주행 및 노면 상태에 따라 서스펜션의 강도를 조절해 최적의 승차감을 제공한다. 일반적으로 평상시 주행에서는 승차감을 좋게 하기 위해 서스펜션을 약간 소프트하게 하고, 고속 주행 시에는 주행 안정성을 높이고 운전하기 편하도록 서스펜션을 하드하게 하는 것이 바람직하다. 차종에 따라 자동 조절되기도 하고, 운전자가 취향에 맞게 조절할 수도 있다.

☑ 차동기어 제한 장치, LSD

LSDLimited Slip Differential는 차동기어Differential Gear를 제한하는 장치다. 자동차의 네 바퀴는 똑같이 회전하지 않는다. 주행 상황에 따라 앞뒤 바퀴 간, 좌우 바퀴 간 회전수가 달라진다. 경사진 길이나 급한 커브 길에서 차가 부드럽게 움직이는 것은 바퀴의 회전수에 따라 동력을 달리 배분해주는 차동(디퍼렌셜) 기어 덕분이다. 그런데 이런 차동기어가 문제가 되는 때가 있다.

눈이나 진흙에서 빠져나올 때 유용한 LSD 기능

차의 한쪽 바퀴가 눈이나 진흙 구덩이에 빠져 헛돈다고 해보자. 차동 기어를 제한하지 않으면 동력은 계속 헛바퀴 도는 쪽으로만 전해져 차가 움직일 수 없게 된다. LSD는 이럴 때 유용하다. 차동기어의 작용을 제한해 양쪽으로 똑같이 동력을 배분함으로써 차가 빠져나올 수 있는 것이다. 각 바퀴의 회전 차이를 인정하지 않고 동력을 똑같이 배분해 주는 것이다.

참고로 LSD와 TCS를 함께 장착하면 안 된다. 정반대로 작용해 기능이 충돌하기 때문이다. 미끄러지는 바퀴를 제어하려고 TCS가 작동했다고 해보자. LSD는 바퀴의 균형이 깨졌다고 판단해 제어 중인 바퀴에 동력을 배분할 것이기 때문이다.

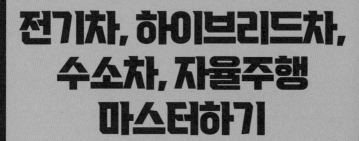

전기차, 하이브리드차, 수소차, 자율주행 마스터하기

030

하이브리드차에 연료가
떨어지면

결론부터 이야기하면 하이브리드차 역시 연료가 떨어지면 시동이 꺼진다. 하이브리드 자동차의 엔진이 따로 있는 것이 아니라 가솔린차, 디젤차와 같은 엔진을 쓰기 때문이다. 운행을 위해서는 다시 연료 공급을 해주는 방법뿐이다. 연료 공급을 했는데도 시동이 걸리지 않는다면 정비업소에서 점검을 받아야 한다.

한편 하이브리드차의 배터리가 완전 방전되었을 경우에는 일반 가솔

최근 인기가 높은 하이브리드 자동차, 폭스바겐 티구안3

마일드 하이브리드 차량,
현대 i20

마일드 하이브리드MHEV란?

하이브리드차의 연비가 좋은 것은 감속 시의 회생 충전과 고부하 상황에서의 보조 역할 때문이다. 그래서 엔진에 이 기능만을 추가한 간이형 하이브리드가 개발되었는데, 독일에서는 이를 마일드 하이브리드라 부른다.

마일드 하이브리드는 아이들링 스톱 발전이나 가속 시의 보조, 감속 시의 회생 충전을 위해 기존의 발전기를 개량한 ISG를 탑재한다. 엔진의 스타트 모터와 발전기를 일체화하고 보다 강력한 모터를 탑재한 것이다.

발전기를 돌리던 벨트는 엔진을 보조하기 위해 큰 힘을 전달해야 하므로 더 강한 것을 사용해야 하지만, 엔진이나 구동계는 기존 것을 그대로 사용할 수 있어 가격 부담도 적다. 부하가 클 때만 모터가 보조하는 마일드 하이브리드는 당연히 연비가 좋다. 한편 유럽에서는 하이브리드 부분을 고전압화한 48V 시스템이란 것을 개발했다. 모터의 힘은 더 강력해지고, 감속 시의 회생 충전으로 발전량을 늘리는 시스템이다.

린엔진으로 운행할 수 있다. 이 상태로 운행을 하면, 감속할 때 회생 충전을 하고 신호 대기 등으로 정차했을 때 엔진이 발전기를 구동해 배터리를 충전한다. 충전이 정상적으로 되면, 엔진과 배터리의 동력으로 구동장치를 작동시키는 하이브리드 자동차로 다시 기능하게 된다.

031

전기차 배터리는 몇 회 충전이 가능할까?

일반 건전지처럼 한 번 쓰고 버리는 전지를 1차 전지, 반복해서 충전과 방전이 가능한 전지를 2차 전지라고 한다. 니켈수소 배터리, 리튬이온 배터리 등 전기차의 배터리는 모두 2차 전지다. 충전과 방전의 횟수가 거듭될수록 성능이 저하된다는 것은 2차 전지의 숙명이다.

고밀도·고출력 기술 향상으로 자동차 배터리의 충전 가능 횟수도 증가하고 있다. 현재 리튬이온 배터리는 1,000회 충전이 가능하고, 방전 후에도 80% 용량을 유지한다. 이론적으로는 10년, 현실적으로는 7~8년 배터리 교환 없이 탈 수 있다는 의미다. 단, 수시로 충전과 방전을 반복하는 하이브리드 자동차의 경우 배터리 수명이 짧아서 6~8년 정도면 배터리를 교환해야 한다. 요즘엔 보증기간이 160,000~200,000㎞에 달하는 전기차도 나오고 있다.

배터리에 가해지는 부하는 도로환경이나 운전습관, 관리 방법 등에 따라 크게 달라지고 배터리 수명에도 차이가 나게 된다.

☑ 급속충전과 배터리 수명의 관계

급속충전을 자주 했더니 2년 만에 주행거리가 절반으로 떨어졌다는 사례가 있다. 50% 이상 배터리 용량을 소비한 뒤에 충전해서 가능한 한 충전 횟수를 억제하는 편이 열화劣化를 방지한다는 것이 일반적 견해다.

대부분의 전기차에 들어가는 리튬이온 배터리 팩

즉, 어느 정도 부하를 가해서 방전하고 일반충전으로 천천히 충전하는 것이 배터리 수명을 늘리는 방법이다. 자동차를 자주 타지 않으면서 매일 조금씩 충전하는 것은 최악의 행동이다. 가급적 급속충전을 피하고 규칙적으로 일정 거리를 달리는 것이 이상적이다. 배터리는 열에 약하므로 고온의 환경에 주차하는 것은 피해야 한다.

☑ 배터리 교환 비용

국산 전기차가 2,100~2,300만 원, 수입 전기차가 4,100~4,500만 원으로 배터리 교환 비용은 상당히 높다. 배터리 교환보다는 새 차를 사는 편을 선택할 정도다. 이는 향후 자동차회사가 풀어야 할 기술적 숙제로 남아 있다. 하이브리드 자동차의 배터리는 400~700만 원 정도다.

032

전기차는 왜 100% 충전하지
말라고 할까?

전기차 충전은 일반충전과 급속충전으로 나뉘는데, 무엇이 되었든 배터리를 100% 충전하는 것은 좋지 않다. 배터리 셀이 손상될 위험이 있기 때문이다. 일반충전은 90% 이하, 급속충전은 80% 이하로 해야 배터리 화재나 폭발을 방지할 수 있다. 완전 충전을 원한다면 낮은 전압으로 천천히 해야 한다.

☑ 심야 전력으로 천천히 충전하는 것이 베스트

배터리 충전은 충전기 사양이나 배터리 용량에 따라 4~12시간까지 차

전기차 충전소

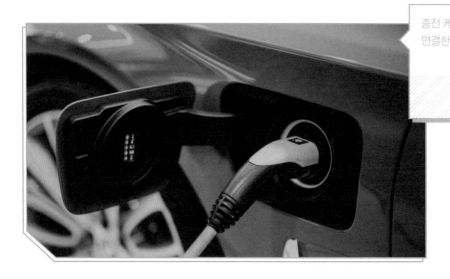

충전 케이블을
연결한 모습

이가 난다. 일반충전이라면 220V 가정용으로 6~7시간 걸리는 것이 보통이지만, 메이커 전용 충전기를 사용해 시간을 단축할 수도 있다. 심야 전력으로 천천히 충전하면 배터리를 위해서도 좋고 요금도 싸서 일거양득이다. 급속충전의 경우, 80~90%까지 충전하는 데 30~40분 정도 걸린다.

☑ 과충전 방지 메커니즘

전기 자동차는 출발이나 가속 등 고부하 상황에서 전류를 단번에 방전하고, 충전량이 줄어들면 한꺼번에 충전한다. 즉 다량의 전기를 충전하고 방전하는 일을 반복하는 것이다. 이렇게 되면 배터리 셀 간의 개체차가 커져서 전압 차가 발생하게 된다. 이를 방지하기 위해 충전 종료 직전에 완전히 충전되지 않은 셀을 충전하는 조정을 실시한다.

　리튬이온 배터리는 충전 초기에 전기를 빨아들이듯이 충전을 진행해 전압을 높이지만, 일정 충전량이 되면 전압 상승이 진정된다. 완전 충전에 가까워지면 전압이 거의 상승하지 않는다. 이 특성을 이용해 과충전을 막는 것이다.

033

전기차의 급속충전
시간에 대하여

　전기차의 급속충전 시간은 왜 더 단축되지 않을까? 급속충전을 하면
필연적으로 배터리 온도가 상승하고, 배터리 온도 상승은 배터리 수명
을 단축시키기 때문이다. 기술적으로 충전 시간을 단축했다 하더라도
배터리에 충격을 주지 말아야 한다는 상반된 기술 과제를 극복해야 한
다. 이런 배경에서, 테슬라나 혼다의 클래리티 PHEV에는 수냉식 냉각

테슬라의 슈퍼차징(급속충
전) 스테이션

시스템을 갖춘 리튬이온 배터리가 탑재되어 있다. 이 밖에도 급속충전 시간 단축에는 많은 난제들이 존재한다.

☑ 전력 수급 문제

단기간에 집중적으로 전력을 소비하는 급속충전 설비에 있어서는 전송 망도 문제가 된다. 테슬라는 슈퍼차저3을 발표하면서 250kW의 출력으로 EV 배터리를 충전할 수 있다고 주장했다. 마력으로 환산하면 340PS 정도다. 한 가구당 평균 계약 전력이 35A(3.5kW)이므로 70세대가 사용하는 최대 전력을 한 번에 소비하는 셈이다. 충전소가 난립하면 안정적 전력 공급이 어려워진다는 의미에서 스마트 그리드 기술을 통한 균형 잡힌 전력 공급과 백업 배터리 시설 설치 등의 대책이 강구되고 있다.

☑ 충전 케이블과 충전구 문제

전기차 급속충전에는 100kW가 넘는 충전 설비가 필요하므로, 대전류에

⚡ 박병일 명장의 자동차 TIP ⚡

전기자동차 충·방전 시 열이 나는 이유

배터리 내부 저항을 R(Ω)FH라 하고 충전전류를 I(A)라 하면, RI^2(W)의 열이 발생한다. 40kW 전기자동차를 45kW 급속충전기로 충전한다고 해보자. 자료에 근거해 배터리의 내부저항을 0.15Ω, 충전전류를 60A 정도로 가정하면 시간당 0.15×60^2=540W의 열이 발생하는 셈이다. 45kW(45,000W) 충전에 540W이니 1.2%가 열로 손실되는 것으로 계산된다. 다량의 전류를 높은 전압으로 흘려보내는 급속충전 시 열이 많이 발생할 수밖에 없는 구조다.

테슬라 CCS 충전 케이블
과 단자

대응하기 위해 충전 케이블을 굵게 하거나 수냉화하려는 움직임도 있
다. 충전 건과 충전구의 단자, 케이블의 발열도 문제가 될 수 있다. 충전
구의 단자 마모 문제 또한 앞으로 해결해야 할 과제다.

034

전기차 충전 시 감전 위험?

일반 가정에서는 220V 전압을 사용하므로 감전될 위험은 거의 없을 것이다. 문제는 대전류를 사용하는 급속충전이다. 급속충전을 하는 중에 혹시 감전되지 않을까 걱정하는 사람들이 있다. 그러나 충전 커넥터 단자의 그립 부분과 전극 사이에 충분히 거리를 두었기 때문에, 정상적으로 사용했을 때 감전될 우려는 거의 없다.

그런데 운전자들이 착각하는 것이 있다. 충전 커넥터를 접속하면 바로 고압 전류가 흐르는 것이 아니다. 차체와 충전기가 통신해 자동차의 상태를 확인한 후에 전류가 흐른다. 또한 충전이 완료되어 전압이 떨어지는 것을 확인한 후에 충전 커넥터의 잠금장치가 해제된다. 일반 콘센트보다 훨씬 안전하다 할 수 있다. 그래도 우천 시 지붕이 없는 충전 공간을 이용한다면, 젖은 손으로 충전 커넥터 부분을 만지지 않는 것이 좋다.

충전 커넥터는 안전하지만 젖은 손으로는 만지지 않는 것이 좋다.

035

충돌사고와
전기차 누전

일반 자동차의 라디오, 블랙박스 등에 이용되는 전압은 12V다. 반면 전기차의 배터리는 200~300V의 고전압을 충전하고 있다. 게다가 모터를 구동하기 위해 파워 컨트롤 유닛으로 전압을 더욱 높여서 효율을 향상시킨다. 따라서 누전이 발생하면 매우 위험하다.

물론 자동차 회사들은 안전성을 충분히 고려해 설계하고 안전 대책도 다양하게 마련해 놓았지만, 장기간 사용으로 절연재가 열화하거나 충돌사고 등으로 자동차에 큰 손상이 발생했을 때 누전 위험이 없다고

충돌시 최고의 안전성을 평가받은 쉐보레 볼트 EV

단언할 수 없다. 충돌을 대비한 차체 강화와 차체가 변형되더라도 누전이 발생하지 않도록 기술 개발은 계속되고 있다.

⚡ 박병일 명장의 **자동차 TIP** ⚡

쉐보레 볼트(볼트 EV)의 충돌 실험

전기차가 보편화된 선진국에서는 안전 기준이 더욱 엄격하다. 특히 충돌 사고에 대한 안전성을 확보하기 위해 다양한 실험을 통해 기술을 보완하고 있다. 충돌 당시에는 아무 문제가 없었는데 시간이 지난 뒤 사고로 발전한 사례도 있기 때문이다.

2011년 미국도로교통안전국*NATSA*이 쉐보레 볼트의 측면 충돌 실험을 실시했는데 그로부터 3주 후에 해당 차량이 발화하는 사고가 일어났다. 이에 미국도로교통안전국은 볼트의 안전 조사를 실시했다. 충돌 실험을 반복하며 어떤 형태의 손상이 어떤 변화를 가져오는지 검증한 것이다. 그 결과 2014년 미국도로안전보험협회*IIHS*가 실시한 안전성 시험에서 쉐보레 볼트는 최고로 안전한 차라는 평가를 받았다.

036

전기차 배터리에 대한
2가지 의문

전기차 배터리에 대해 사람들이 가장 궁금해하는 것은 2가지로 요약된다. 일반 자동차 배터리처럼 겨울철이 되면 성능이 떨어지느냐는 것이고, 완전 방전되었을 때 점프 방식으로 시동을 걸 수 있는지 여부다.

☑ 전기차 배터리도 겨울철에 성능이 떨어질까?

결론적으로 리튬 배터리 역시 날씨가 추워지면 효율이 떨어진다. 게다가 일반 차보다 더 떨어질 수 있다. 엔진 자동차는 난방에 엔진의 열을 사용하지만, 전기차는 난방에도 전력을 사용하기 때문이다. 배터리 효율이 떨어진 상태에서 난방을 하면 순식간에 주행거리가 짧아진다. 완전 방전이 일어날 위험도 있다. 이론상으로는 겨울철 난방을 자제하는 것이 주행거리를 늘리는 방법이다.

하지만 겨울철에 난방을 하지 않을 수는 없다. 전기차에는 공간을 따뜻하게 하는 장치가 아니라 시트 히터나 스티어링 히팅처럼 사람의 몸을 직접 덥혀주는 난방장치가 갖춰져 있다. 또한 배터리에도 보온 기능이 탑재되어 있다.

☑ 방전되었을 때 점프로 시동을 걸 수 있을까?

배터리가 완전 방전되면 전기차는 꼼짝도 하지 않는다. 충전 시설까지

겨울철에 특히 문제가 되는 전기차 충전

견인을 하거나, 급속 충전기를 탑재한 로드 서비스 카를 불러야 한다. 가솔린차나 디젤차처럼 배터리를 점프해서 시동을 거는 일은 절대 해서는 안 된다. 배터리 화재나 폭발의 위험이 있기 때문이다. 전기차 배터리가 요구하는 전압과 전류를 조절해서 보내야 하기 때문이다.

037

전기차는 에너지 효율이
얼마나 좋을까?

엔진 자동차도 기술 발전에 따라 예전 차들보다 에너지 효율이 거의 2배 가까이 좋아졌다고들 한다. 하지만 모터를 이용하는 전기차나 하이브리드의 에너지 효율이 월등히 좋을 수밖에 없다. 모터의 구조가 단순해 에너지 손실이 적기 때문이다. 가솔린엔진 자동차의 에너지 효율은

⚡ 박병일 명장의 **자동차 TIP** ⚡

에너지 효율 더 높이는 회생回生이란?

모터는 전력을 공급해 에너지를 발생시키는데, 반대로 밖에서 힘을 가해 회전시킬 때도 전력이 발생한다. 즉, 전동기가 발전기로 기능하는 것이다. 그런데 사실 모터는 특별히 밖에서 힘을 가하지 않아도 회전하는 동안에는 기전력起電力이 발생한다. 밖에서 전류를 공급받아 스스로 회전하는 상태를 포함해서 말이다.

이렇게 모터 회전을 통해 발생하는 기전력을 역기전력이라고 하는데, 모터의 특성을 결정짓는 중요 요소 중 하나다. 모터의 회전이 상승하면서 출력이 떨어지는 것도 역기전력에 기인하는 바가 크다. 브레이크를 밟는 상황에서 역기전력을 잘 끌어내 배터리로 돌리는 것이 바로 회생이다.

친환경 자동차가 35%, 디젤 자동차는 45% 정도로 본다. 반면 전기차와
하이브리드차의 효율은 90%에 달한다.

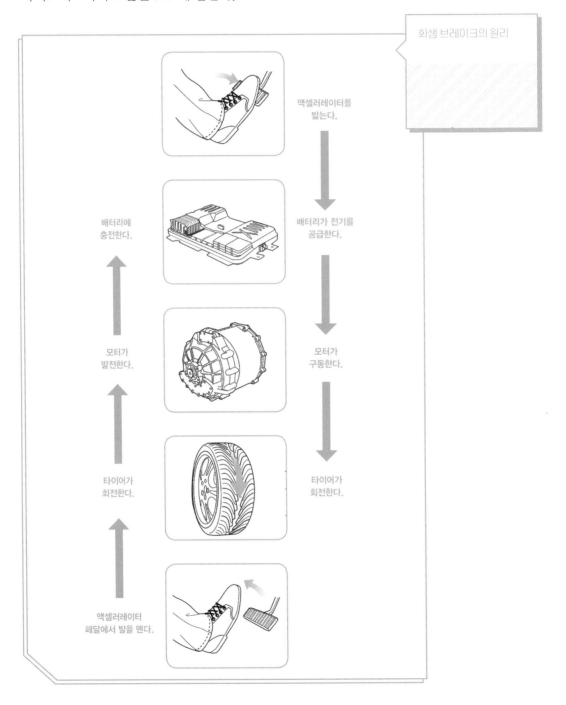

회생 브레이크의 원리

액셀러레이터를
밟는다.

배터리가 전기를
공급한다.

배터리에
충전한다.

모터가
발전한다.

모터가
구동한다.

타이어가
회전한다.

타이어가
회전한다.

액셀러레이터
페달에서 발을 뗀다.

038

전기차의 변속기 후보,
듀얼클러치

전기차에는 왜 변속기가 없을까? 이 질문에 답하기 위해서는 변속기가 왜 필요한지부터 알아야 한다. 엔진의 구동에는 '효율적인 회전수'라는 것이 있다. 도로 상황에 맞는 최적의 회전수를 얻기 위해 필요한 것이 바로 변속기다.

☑ 기존 자동차에 변속기가 필요한 이유

출발할 때는 적은 회전수로 큰 토크를 얻을 수 있는 기어를 사용하고, 고속 주행 시엔 관성의 힘을 이용해 가장 높은 연비를 얻을 수 있는 기어를 사용한다. 후진 시에는 타이어에 전달되는 회전 방향을 반대로 바꿔야 하므로, 역회전이 가능한 기어가 필요하다. 즉 그때그때 기어 변환이 필요하다.

☑ 전기차에 변속기가 필요 없는 이유

모터로 작동하는 차는 발진부터 강력하게 가속할 수 있다. 자력磁力의 끌어당기는(흡인) 힘과 미는(반발) 힘이 크게 발휘되기 때문이다. 모터의 전력 소비는 주로 부하 크기에 영향을 받으므로, 회전수가 상승해도 전력 소비는 그다지 증가하지 않는다. 발진할 때는 전력 소비가 다소 증가하지만, 그 후에는 속도를 높여도 전력 소비가 증가하지 않는다.

따라서 대부분의 전기차엔 변속기를 탑재하지 않는다. 고속 주행 시에 회전수를 떨어뜨리기 위해, 혹은 출발 시 더 큰 토크를 얻기 위해 변속기를 채택하는 경우가 가끔 있지만, 경량화나 효율의 측면에서 장착하지 않는 것이다.

하지만 향후 전기차의 고효율을 더욱 추구하게 된다면 탑재할 가능성도 있다. 그럴 경우, 변속 충격이 적고 전달 효율이 좋은 듀얼클러치 변속기DCT가 유력한 후보다.

039

전기차 주행거리를 늘리는 방법

전기차를 꺼리는 가장 큰 이유는 충전의 불편함이다. 충전에 시간이 걸릴 뿐 아니라 충전 시설이 부족하기 때문이다. 현재 사용되는 리튬이온 배터리의 주행거리를 늘리는 방법은 2가지뿐이다. 배터리 탑재량을 늘리는 방법, 그게 아니면 같은 크기에 더 많은 전기를 축적하는 고성능 배터리를 실용화하는 방법이다.

☑ 배터리 탑재량과 기술 혁신

우선 배터리 탑재량을 늘리는 것은 현실적이지 않다. 배터리를 다량 탑재하면, 자동차가 무거워지고 차량 가격이 비싸질 것이며 무엇보다 충전 시간이 늘어나기 때문이다. 현재도 전기차 가격 중 대부분이 배터리 가격이므로 배터리 가격이 극적으로 저렴해지지 않는다면 불가능한 방법이다. 결국 돌파구는 기술 혁신뿐이다. 지금도 많은 연구자들이 리튬이온 배터리의 에너지 밀도를 높이는 기술을 개발 중이다.

중요한 것은 전기차가 아직 시장 개척 단계에 있다는 사실이다. 미성숙한 시장에서 여러 시행착오와 난제를 해결하고 미래의 탈것에 흥미가 있는 사람들의 이해를 얻어가며 시장을 열어 가는 중이라고 봐야 한다.

기아의 소형 전기차 니로.
전기차 대중화의 관건은
주행거리 향상이다.

☑ 현재 개발 중인 기술들

현재 배터리 이온 교환을 하는 전해액은 액체나 겔 상태를 사용하는데, 완전한 고형 전해질을 이용하는 전고체 전지를 개발 중이다. 상용화된다면 에너지 밀도를 크게 높일 수 있다. 또한 배터리 성능은 같지만, 충전 시스템을 혁신해서 주행거리를 늘릴 수도 있다. 주행 차선에 비접촉 충전장치를 직선으로 배치해, 충전하면서 주행할 수 있는 시스템도 연구 중에 있다. 그 밖에도 여러 가지 기술이 개발되고 있지만 어느 것이 실현될 것인지는 아직 알기 어렵다.

040

전기차 배터리의 무게는 숙명?

    가솔린 차와 전기차의 동력원을 무게 관점에서 비교하긴 어렵다. 배터리에서는 동력원인 전기를 바로 끄집어낼 수 있지만, 가솔린엔진에서는 연소와 행정이란 과정을 거쳐야 동력이 나오기 때문이다.

☑ 가솔린 차의 경량화, 소형화가 쉬운 이유

가솔린의 주성분은 옥탄인데, 옥탄 1리터의 무게는 0.7kg 정도다. 옥탄(분자량 114) 1분자를 연소시키기 위해서는, 산소(분자량 32) 12.5분자(분자량 400)가 필요하다. 즉 가솔린의 4배 가까운 산소가 소비된다는 뜻이다.

전기차 공차 중량의 40%에 달하는 리튬이온 배터리 팩

공기 중 산소의 비율이 약 20%이고 나머지가 질소라는 점을 감안해 보자. 공연비(14.7) 측면에서 생각하면 가솔린 1리터(0.7kg)를 연소시키는데 10.3kg의 공기가 필요하다. 그런데 실제로 가솔린 차에 탑재되는 것은 가솔린 0.7kg뿐이다. 가솔린이 갖는 에너지 밀도가 높다는 특성 외에도, 동력을 끌어내는 데 필요한 공기를 따로 탑재할 필요가 없으므로 경량화, 소형화가 상대적으로 쉬운 것이다.

☑ 전기차 배터리는 무거워질 수밖에 없다

한편 배터리는 방전되었다고 해서 가벼워지지 않는다. 즉 전극이 없어지지 않는다. 이온이 원래대로 돌아가기 위한 장소를 남겨둬야 하기 때문이다. 이온 자체도 외부로 배출되는 것이 아니라 배터리 안에 그대로 남아 있다. 활성물질 중 일부만 이온으로 이동하고 이온 자체도 계속 남아 있는 배터리와 모두 타서 없어지는 가솔린은 애초에 비교 대상이 아니다.

차량을 에너지 저장장치라는 관점에서 봤을 때, 가솔린 차에서 가솔린을 엔진으로 보내기 위한 장치는 펌프, 연료 파이프, 급유구까지의 파이프뿐이다. 하지만 전기차는 릴레이, 파워케이블, 배터리 보호회로 등 중량물이 더 필요하다. 또한 전기를 잘 흘려보내는 재료는 모두 비중이 큰 금속이므로 배터리의 무게는 숙명이다.

☑ 리튬이온 배터리를 대체할 차세대 배터리 후보

현재의 주력 배터리인 리튬이온 배터리를 대체할 미래는 무엇일까? 그 주인공으로 리튬유황LiS: Lithium-Sulfer 배터리가 부상하고 있다. 음극에는 리튬의 금속 결정화까지의 반응을 이용해 탄소계 재료를 생략하고, 양극에는 코발트산 리튬같은 결정보다 효율이 높은 유황을 사용한 것이다. 실용화되면 리튬이온 배터리의 용량을 몇 배 수준으로 늘릴 것으로 기대된다. 하지만 유황의 전기 전도가 낮다는 점, 고용량화의 부작

라이텐 사가 만든 전기차
용 경량 리튬유황 배터리

용으로 전극의 체적 변화가 크다는 점이 문제다. 전기차 배터리는 높은
출력과 긴 수명 모두를 달성해야 하는 난제를 안고 있다.

041

전기차 고주파 잡음의 정체,
전왜현상

전기차 운행 시 '삐' 하는 잡음이 들려 고통스럽다는 운전자들이 많다. 엔진의 모터 소리가 들리지 않아 상대적으로 조용한 전기차에서 나는 소음인만큼 더 괴롭게 느껴진다. 이것의 정체는 전기차의 인버터 작동 시 발생하는 고주파 잡음이다.

인버터의 경우, 높은 주파수에서 IGBT(절연 게이트 양극성 트랜지스터)를 구동했을 때 잡음이 들리는데 이는 코일이나 트랜지스터에서 발생한다. 플러스와 마이너스 전하가 전극으로 모이면 서로 흡인력이 발생하고 그 사이에 있는 절연체가 미세하게 찌그러지는 현상이 일어나는데, 이를 전왜電歪라고 한다.

이 현상이 반복되면 진동이 생기고 진동이 음파로 바뀌게 된다. 이 소리가 인간의 가청 영역대 안에 있을 경우 '삐' '지잉' '키잉' 등의 잡음으로 인식되는 것이다. 자성 재료에 자계가 가해질 때도 전왜 현상이 일어난다. 변압 트랜지스터에서 나는 '부웅' 하는 소리도 이 때문이다.

그렇다면 스마트폰이나 노트북의 AC 어댑터에서는 왜 이런 소리가 나지 않는 걸까? 앞에서 설명했듯이 인간의 가청 영역을 넘어서는 높은 주파수에서 모스펫(전계 효과 이용 트랜지스터)이 구동되기 때문이다.

문제는 이런 고주파 잡음을 원천적으로 해결할 방법이 없다는 것이다. 자동차회사들이 전기차의 고주파 잡음을 인식하고 이를 차단하기 위해 연구를 이어가고 있으므로 조만간 성과가 있으리라 기대한다.

가짜 소음도 이왕이면 멋지게

자동차회사들은 자동차에서 나오는 소음과 진동을 제어하기 위한 기술 개발에 전념하는 한편, 최근에는 가짜 소음을 만드는 경쟁을 시작했다. 바로 전기차용 가상 음향 발생기 말이다. 엔진에서 소리가 나지 않는 전기차는 조용한 반면 자동차 특유의 감성을 느끼고자 하는 운전자들에겐 불만일 수 있고, 보행자 입장에서는 소리 없이 다가오는 전기차가 위험 요소일 수 있다.

EU는 전기차와 하이브리드 차가 저속 주행할 때 일정 데시빌 이상의 가상 엔진 소음을 내도록 하는 음향 차량 경보시스템(AVAS)을 법으로 정하고 있다. 구체적으로 시속 10㎞ 이하일 때 50데시빌, 시속 10~20㎞는 56데시빌, 후진 시에는 47데시빌 이상이다. 우리나라도 이 기준을 따르고 있지만 메이커별, 차종별로 조금씩 다르다.

각 자동차회사들은 자신들만의 시그니처 음향을 만들고 있어, 전기차가 지나갈 때 소리만 듣고도 브랜드를 알아맞힐 수 있게 된 것이다.

042

전기차를 위한
타이어 관리

휘발유로 가든 전기로 가든 굴러가는 것은 마찬가지인데 '타이어 관리에 무슨 차이가 있을까'라고 생각할 수 있다. 하지만 전기차는 가솔린차와는 조금 다른 타이어 관리가 필요하다. 전기차의 배터리와 모터의 특성 때문이다.

☑ 같은 크기라도 전기차가 더 무겁다

최근 전기차 대중화가 진행되면서 타이어 관리에 있어서도 일반 가솔린차와 차별화되는 지점이 있는지 궁금해 하는 사람들이 있다. 일반적으로 전기차는 비슷한 덩치의 가솔린 자동차보다 무겁다. 그러니 타이어도 이를 감안하고 선택해야 한다.

기아 쏘울을 예로 들어보자. 직렬 4기통 1.6L 가솔린엔진을 얹은 모델의 공차 중량은 1,290kg, 쏘울 EV는 1,530kg이다. 덩치는 같지만 30kWh급 배터리를 품은 탓에 무게가 240kg이나 불었다. 대개 에너지 저장 공간 1kWh당 배터리 무게는 11.9kg 늘어난다. 테슬라S 90D에서 배터리 용량을 12.5kWh 키운 100D는 132kg 더 무겁다.

☑ 전기차용 타이어는 무엇이 다를까?

전기차의 타이어는 모터의 특성으로 인해 중앙이 쉽게 닳으므로, 단단

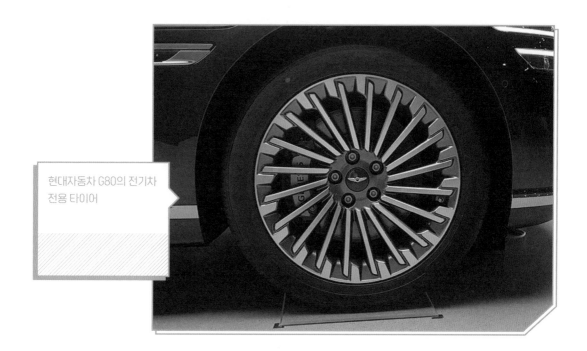

현대자동차 G80의 전기차
전용 타이어

한 부타디엔butadiene 타이어가 좋다. 예를 들어 BMW의 i3 타이어는 폭
이 좁은데, 무게로 인한 트레드의 에너지 손실을 줄이기 위해서다. 폭이
좁으면 수직 강성이 높아 타이어 변형을 최소화할 수 있다. 같은 힘이라
면, 좁고 긴 주사기보다 넓고 짧은 주사기 안의 물을 빼내기가 더 쉬운
것과 같다.

043

수소 자동차는 왜
대중화가 안 될까?

수소자동차는 화석연료가 아닌 수소를 연료로 사용한다. 수소자동차
에는 연료전지가 들어가는데, 공기 중의 산소와 수소의 전기 화학 반응
을 통해 전기를 생성하는 원리다. 공기 중 무한한 수소를 이용하므로 진
정한 친환경 자동차, 미래 자동차라고 할 수 있다. 그러면 수소자동차에
대한 궁금증을 풀어보자.

☑ 수소차는 왜 비쌀까?

친환경 자동차 중에서도 수소자동차는 특히 비싸다. 그 이유는 우선 자
동차 생산량이 적기 때문이다. 부품을 만들기 위해서는 금형을 제작해

차량 중앙에 연료전지
(FC) 스택이 들어간 혼
다의 FCX 클라리티

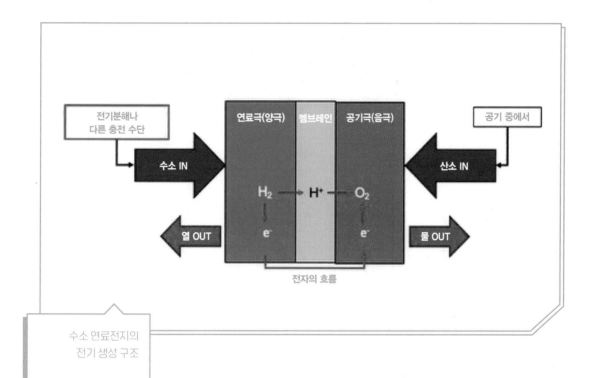

| 전기분해나 다른 충전 수단 | | 연료극(양극) | 멤브레인 | 공기극(음극) | | 공기 중에서 |

수소 IN → ← 산소 IN

H_2 → H^+ ← O_2

열 OUT ← e^- e^- → 물 OUT

전자의 흐름

수소 연료전지의 전기 생성 구조

야 하는데, 생산량이 적으면 한 대당 금형 가격이 비싸게 먹힐 수밖에 없다. 또 연료전지 본체(셀스택)의 가격이 대당 4,000만 원에 달한다. 여기에 수소를 연료로 사용하기 위한 구조물(고압탱크에 연결되는 배관 등)이나 촉매로 사용되는 희소금속(백금)도 고가이기 때문이다.

☑ 수소차는 안전할까?

수소자동차의 안전성에 대해 알려면 먼저 수소가 갖고 있는 특유의 성질을 알아야 한다. 수소는 쉽게 불타는 물질이다. 대기에 뭉쳐서 존재하는 수소에 불을 붙이면 폭발을 일으킬 정도다. 따라서 수소자동차를 생산할 때 누출이 없는지 배관을 세심하게 검사해야 한다. 수소는 상온에서 기체이므로 고압으로 압축해 많은 양을 탑재할 수 있도록 한다. 당연히 수소충전소에서는 연료전지 자동차보다 더 고압으로 수소를 저장해야 하므로 안전관리가 매우 중요하다.

현대가 만든 수소 자동차,
넥소

현대가 만든
수소 연료전지

　수소 분자가 매우 작다는 것도 어려운 점이다. 너무 작다 보니 금속
을 통과해버리기도 한다. 이 때문에 수소는 장기 보관이 어렵다. 게다가
수소 가스가 들어가면 물러지는 금속(스테인레스강)도 있다. 이를 수소취
성水素脆性이라 한다. 참고로 이렇게 누출된 수소는 공기 중으로 흩어지
기 때문에 폭발 위험성은 적다.

이러한 문제점들이 있지만 자동차 메이커와 수소충전소 개발 회사들은 다양한 대책을 내놓고 있다. 연료전지 자동차와 수소충전소가 보편화되기까지는 시간이 걸리겠지만, 향후 연구가 진행됨에 따라 더욱 안전하고 다루기 쉽게 개선될 것으로 본다.

044

수소 충전소는
두 가지 타입

    수소 충전소는 연료전지 자동차의 연료가 되는 수소를 충전하는 장소로, 수소를 저장하는 고압 탱크나 전용 충전기 등이 갖추어져 있다. 수소 충전소에는 온사이드on side형과 오프사이드off side형의 2종류가 있다.

    온사이드형은 수소를 만들어내는 설비를 갖춘 곳이고, 오프사이드형은 수소를 외부에서 가져와 탱크에 충전하는 곳이다. 우리나라는 오프

결빙을 막기 위해 보호 커버를 부착한 수소 충전 노즐

환경부가 만든 무공해차
통합누리집 홈페이지

사이드형이 대부분이다. 수소는 매우 잘 새어 나가며 쉽게 불타는 물질인 까닭에 저장이나 충전을 할 때 휘발유나 경유 이상으로 신경을 써야한다. 따라서 수소 충전소는 설치 규정이 매우 까다롭다. 수소를 충전하는 기기는 특수 소재와 구조로 만들어지는데, 이를 만드는 기업은 세계에서도 손에 꼽을 정도로 적다.

045

자율운전과 자동조향은
얼마나 발전할까?

현재의 자율운전 수준은 인간의 동작에 미치지 못한다는 것이 업계 기술자들의 중론이다. '차선유지 자동에서 조향도 자동'이란 말은 대개 1,000R(반경 1,000m 원의 둘레 일부분이 도로라는 의미) 기준이다. 고속도로 기준 설계에서는 시속 80㎞ 노선에서 최소 R이 460이기 때문에, 이보다 작은 R에는 원칙적으로 대응하지 않는다고 한다. 거꾸로 460R 이상이고 제한속도 이내라면 거의 대응할 수 있다고 본다.

☑ 인간과 자율주행의 근본적 차이

가장 근본적인 문제는 조향 제어를 '토크로 하느냐, 조향각으로 하느냐'에 달려 있다. 인간은 경험치를 근거로 토크를 제어하므로, 자동차 전문 드라이버의 조향 조작은 감탄을 자아낼 정도로 예술적이다. 반면 자동조향의 경우, 조향각으로 제어하고 노면 상황에 따라 실제 조향각과 목표 조향각과의 사이에 편차가 있을 때 피드백 제어를 건다. 계산대로 움직였는지 아닌지 환경 인식 센서 쪽 데이터와 조합해 편차를 수정해 나간다. 대략적으로 아래와 같은 과정을 극히 짧은 시간에 해내는 것이다.

① 자차 위치를 파악한다.
② 조향 목표와 궤적을 정한다.

자율주행 중인 테슬라 모델X

③ 그 궤적을 그리기 위해 어떤 조향을 할 것인지 결정한다.

④ 타이어의 회전각, 속도 등 차량 운동 부분 제어를 결정한다.

⑤ 목표 궤적을 위해 현재의 자차 위치를 매순간 계산한다.

⑥ 목표 궤적과 자차 위치의 차이가 있을 때 수정 프로그램을 실행한다.

☑ 자율주행은 인간을 넘어설 수 있을까?

관련 업계의 기술자 중에는 자율주행에 대해 부정적 견해를 가진 사람들도 있다. 사실 자율운전 영상을 보면 조향은 완전한 각도 제어로 이루어진다. 몇 번이고 움직였다가 고정했다 또 움직인다. 전문 드라이버에게 자율주행 영상을 보여주었더니 "이걸 보고 괜찮다고 한다면 운전이 꽤 서툰 사람일 것이다"란 평가를 내렸다고 한다. 자율운전의 조향 감각에 대한 평가는 사람마다 다를 것이다.

하지만 소프트웨어적으로 노면에 대한 보정치나 타이어 마모나 상품 차이까지 보정치로 넣어준다면 조금 더 개선될 것이다. 하드웨어적으로는 동작성이 뛰어나고 댐퍼나 부시도 깔끔하게 움직이고 현가 링크도 설계대로 움직이고 구동력 제어도 훌륭하게 세팅된 자동차에 오차 없는 스티어링랙을 연결해 모든 부품의 정밀도를 높이면 조향은 더욱 정확해질 것이다.

외부적으로는 정확도 높은 자차 위치 인식이 중요하다. 보다 정밀한 레이저 스캐너와 지도도 필요하다. 당분간은 자율주행에서 멋진 조향감을 기대하지 않는 것이 좋다. 아직까지 자율운전은 풀어야 할 문제가 많지만 연구와 기술혁신은 계속되고 있다.

046

자율주행과
트롤리 딜레마

자율주행과 관련해 끊임없이 제기되는 문제가 있다. 바로 윤리학에서 난제로 꼽히는 트롤리 딜레마다. 예를 들어, 주행 중 직진하면 5명과 충돌하게 되고 핸들을 왼쪽으로 틀면 1명과 충돌하게 되는 상황에 놓였을 때(정지는 불가능) 어떻게 해야 할까? 자율주행 자동차에 탑재된 AI에게 이런 경우 어떻게 행동하도록 프로그래밍해야 할지에 대해 자신 있게 답할 사람은 없다.

2016년 9월, 미국 정부는 자율주행 기술 개발에 관한 15가지 항목의 가이드 라인을 발표했다. 그중 한 항목에서 자동차 메이커가 트롤리 딜레마 같은 윤리적 문제를 어떻게 생각하고 있는지에 대해 설명하도록 요구하고 있다.

☑ 첫 번째 딜레마 "5명을 칠 것인가, 1명을 칠 것인가?"

공리주의란 개인보다 공익을 우선시해야 한다는 입장이다. 이에 근거해 이마이 다케요시 교수는 "인간이 운전했을 경우, 5명과의 충돌을 피하려고 한 사람과 충돌해 사망에 이르게 했다면 일본 형법 제37조 1항의 긴급피난으로 간주해 위법이 아니게 된다"라고 설명한다. 공익을 우선시한 결과에 대해 죄를 묻지 않는다는 입장이다. 공익이란 개념을 좀 더 구체적으로 설명하자면, 1명분이 아닌 5명분의 세금 수입을 잃지 않는

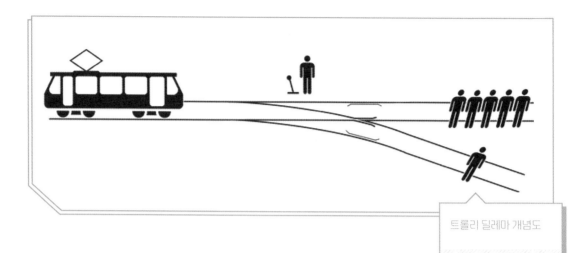

트롤리 딜레마 개념도

편이 국익에 부합한다는 것이다.

이런 의미에서 자율주행 AI의 알고리즘에 공리주의를 적용하는 게 맞을까? 이마이 교수는 해답이 없지만 국민성도 중요한 요인이라고 답한다. 즉 "칸트주의 철학을 신봉하는 독일이라면 자기 차를 폭파시켜서라도 충돌을 피하는 알고리즘을 택할 수 있고, 미국이라면 어쩔 수 없이 한 사람과 충돌하는 알고리즘을 요구하지 않을까?"란 예상을 내놓는다.

☑ 두 번째 딜레마 "추락할 것인가, 보행자를 칠 것인가?"

주행 중 전방에 도로가 끊어진 것을 발견했다. 당장 브레이크를 밟아도 추락을 피할 수 없다. 다만 그 직전에 옆길로 핸들을 돌리면 추락은 면할 수 있다. 그 대신 그곳에 있는 보행자를 치게 된다.

앞서 설명했던 공리주의를 바탕으로 판단해보자. 차 안에 두 사람 이상이 타고 있다면 보행자 한 명을 쳐도 위법이 아니다. 반면 차 안에는 운전자 혼자이고 보행자는 두 명 이상이라면 처벌을 받을 가능성이 있다.

이 사례를 자율주행과 관련지어 생각해보자. 위급상황에서 인간이 핸들을 틀 경우에는 그 방향에 몇 사람이 있는지 등을 순간적으로 판단하지 못한다. 하지만 고성능 카메라와 첨단기능을 갖춘 자율주행 자동차는 그런 판단을 충분히 내릴 수 있다. 전방에 있는 차량 중 하나에 충돌해야 할 경우, 순간적으로 손해배상액이 낮은 차량을 선택하는 이기적(혹은 합리적) 행동을 할 수 있다는 뜻이다.

만약 어린이와 노인 중 한 명과 충돌해야 한다면, 또 정장 차림의 신사와 노숙자 중 한 명과 충돌해야 한다면 누굴 선택해야 할까? 이때 가장 합리적인 행동이란 어떤 것일까? 가장 합리적인 행동이 가능하다고 해서 그런 알고리즘을 주저 없이 적용해야 할까? 답은 없고 고민만 깊어지는 주제다.

047

첨단 운전자 지원 시스템 ADAS
비교

	메르세데스 E220 아방가르드	BMW 532d	테슬라모델 S	볼보 V90	닛산 세레나	스바루 임프레자 2.0i 아이사이트
자동 브레이크	●	●	●	●	●	●
ACC (Adaptive Control)	●	●	●	●	●	●
차선유지 어시스트	●	●	●	●	●	●
사각지대 어시스트 (후방 사각 감지 기능)	●	●	●	●	×	OP*5
어댑티브 헤드라이트	●	●	●	●	×	OP*5
후방 감시카메라	●	●	●	●	●	●
자동주차	●	●	●	▲*2	▲*3	●
운전자 피로감시 시스템	●	●	×*1	●	×	●
야간 시인성 향상 어시스트	●	●	×	●	×	×
자동 차선 변경	●	×*1	●	×	×	×
센서 — 카메라	●	●	●	●	●	●
센서 — 밀리파레이더	●	●	●	●	×	×
센서 — 초음파 센서	●	●	●	●	OP*4	OP*5

*1 유럽사양 모델에는 표준 장착, *2 일부는 운전자가 조작해야 함, *4 주변 감시 모니터 장착 차량, *5 선진 안전패키지 장착 차량

048

자율주행 자동차의
자율주행 수준

	0 NO AUTOMATION	1 DRIVER AUTOMATION	2 PARTIAL AUTOMATION	3 CONDITIONAL AUTOMATION	4 HIGH AUTOMATION	5 FULL AUTOMATION
개요	운전자가 모든 운전조작을 항상 제어. 경고나 시스템에 의한 보조가 있는 경우도 포함.	특정상태에 있어서, 하나의 시스템이 조향 또는 가감속을 제어. 운전자는 나머지 모든 것을 제어.	특정상태에 있어서 혹은 복수의 시스템이 조향 및 가감속을 제어. 운전자는 나머지 모든 것을 제어.	특정상태에 있어서, 자동운전 시스템이 모든 운전조작을 제어. 한편, 운전자가 운전 재개 요구에 적절하게 대응하는 것을 기대함.	특정 상태에 있어서, 자동운전 시스템이 모든 운전조작을 제어. 운전자가 운전 재개 요구에 적절하게 대응하지 않을 경우도 대응함.	운전자가 운전할 수 있는 모든 도로환경에 있어서 자동운전 시스템이 항상 모든 제어를 담당함.
기본조작	운전자	운전자	시스템	시스템	시스템	시스템
모니터링	운전자	운전자	운전자	시스템	시스템	시스템
백업	운전자	운전자	운전자	운전자	시스템	시스템
시스템 작동환경	몇 가지 운전모드	몇 가지 운전모드	몇 가지 운전모드	몇 가지 운전모드	몇 가지 운전모드	모든 운전모드

· 자율주행 자동차의 운전자 시점 장애물 인식

049

자율주행 자동차에서 사용하는
센서

	단안 카메라 *Multi Purpose Camera*	스테레오 카메라 *Stereo Camera*	초음파 카메라 *Ultra sonic sensor*
인식시스템	• 한 대의 카메라로 화상 데이터를 취득(촬영 영상소자에 의한 광학 관측) • 화상인식 처리(패턴인식)에 따라 필요 정비 추출	• 수평대향으로 거리를 둔 2대의 카메라를 통해 화상 데이터를 취득 • 화상인식 처리에 따라 필요정보 추출 • 2곳에서 동시에 촬영한 영상을 비교함으로써 공간 인식가능	• 발사한 초음파가 대상물에 반사되어 돌아올 때까지 시간을 계측함으로써 대상물의 유무나 거리 검출
장점	• 소형에 저렴한 가격 • 인식 대상물의 종류(자동차, 인간의 구별 등) 판별 가능 • 차선 인식(레인 인식)이나 표지 판독 가능 • 비나 눈 등에 동반되는 노면 상황의 변화 파악 가능	• 단안카메라의 기능 내장 • 인식 대상물까지의 거리 확인 가능 • 입체 대상물(특히 노면에서 위쪽으로 솟아난 물체)의 존재 및 차량이 주행 가능한 영역 인식 가능	• 저렴한 가격 • 근접 범위에 있어서 정확한 거리 측정이 가능
단점	• 인식 대상물까지의 거리를 파악하기 어려움 • 인식 대상물의 종류 검출에 데이터 베이스가 필요, 데이터 베이스에 없는 것은 인식 불가능 • 날씨가 나쁘거나 야간에는 인식정확도 저하	• 장착에 있어서 높은 정확도 요구 • 악천후 상황(호우나 해질녘 등)이나 야간 인식도 저하	• 장거리에 맞지 않음 • 대상물의 종별을 인식하는 용도로는 부적합
시야각	~45도	~45도	140도
	80m	50m (3차원 인식이 가능한 거리)	5m
거리	• 대상물의 형상 파악이 주특기-2차원 화상을 토대로 판단하기에 대상물이 입체 구조물인지 아닌지 판별이 어려워 데이터 베이스에 등록된 형상 이외에는 인식 불가능 • 거리 파악하기 어려움	• 대상물 형상 파악 기능은 단안카메라와 같지만, 시야의 깊이를 인식할 수 있음 • 데이터베이스 저장 유무와 상관없이 주행에 장애가 되는 벽이나 입체구조물 인식 가능 • 주행 가능 구역 판별	• 백소나(Back sona) 등, 몇 미터까지의 근접 범위에 있어서 거리측정 기술로 이용 • 예전부터 보급된 기술이어서 가격이 낮아지고 있음

050

자율주행 자동차에서 사용하는
레이더

	중거리 레이더 *Mid Range Radar*	장거리 레이더 *Long Range Radar*	레이저 레이더 *Laser Radar*
	밀리파(25GHz/77GHz) 전파	밀리파(77GHz) 전파	레이저
인식시스템	밀리파 대역의 전파를 발사한 다음, 반사파의 귀환시간이나 주파수를 측정함으로써 대상물과의 거리나 속도, 방향 검출		조사(照射)한 레이저의 반사를 측정함으로써 대상물과의 거리 측정
장점	비교적 저가로, 인식 정확도가 날씨의 영향을 거의 받지 않고, 장거리 영역 측정 기능으로 대상물까지의 거리를 정확하게 검출 가능		저가, 해 질 녘 등의 영향을 거의 받지 않음
단점	대상물의 종별을 인식하는 용도로는 적합하지 않음	대상물의 종별을 인식하는 용도로는 적합하지 않으며, 중거리 레이더와 비교해 고가	대상물의 형상을 인식하지 못함
시야각	~45도	~30도	근거리 36도(원거리 16도)
거리	~160m	~250m	~100m
	• 항공기나 선박용으로 널리 알려진 레이더의 자동차 버전 • 날씨 등 환경 영향을 받지 않고, 도플러 시프트가 비교적 큰 밀리파 대역의 전파를 사용해 자동차 용으로서의 특성 확보 • 장거리 측정이 가능해 고속 주행에도 대응	• 측정 거리를 제외하면 중거리 레이더와 기능상 비슷 • 측정 거리가 늘어남에 따라 중거리 레이더보다 고가 • 둥글게 솟아오른 부분에서 광범위한 전파를 모음으로써, 여러 센서 사이의 위상차 등으로 방향 등 파악	• 일반적 측정 거리는 100cm 정도로 비의 영향을 많이 받음 • 측정은 직선 형태의 주사(走査, 스캔)로 이루어짐

발레오Valeo 사의 레이저 스캐너

발레오는 프랑스의 글로벌 자동차 부품 기업이다. 발레오가 만든 레이저 스캐너는 몇 가지 광원을 미러에 반사시켜 개구부를 통해 쏜 다음, 반사광이 돌아오는 시간을 측정해 거리를 판별한다. 날씨나 주야 구별 없이 정확한 거리 측정이 가능하고, 상대 속도가 없어도 거리를 측정할 수 있다는 것이 특징이다. 이를 레이더와 구분해 라이다*LiDAR: Light Detection And Ranging*라고도 부른다.

또한 일반 카메라의 시야각이 50도 정도인 데 반해 발레오 레이저 레인지 파인더는 약 150도의 시야각을 주었다. 움직이는 물체의 인식에 있어서는 트럭은 200m, 승용차는 150m, 보행자는 50cm 앞까지 감지가 가능하다. 현대자동차는 레벨3의 자율주행을 위해 G90 전면에 발레오 사의 레이저 스캐너 2개를 장착한다.

내 차 스마트한
관리 전략

CHAPTER

04

051

주행거리별 자동차
관리 스케줄

　자동차의 나이는 몇 킬로미터를 운행했느냐와 같다. 사람도 나이에
맞게 건강관리를 하듯 자동차도 관리가 필요하다. 요즘 차들은 기본 점
검과 교환만 제때 해주면 주행거리 300,000㎞까지는 충분히 운행할 수
있다는 것이 정비 전문가들의 의견이다. 그렇다면 언제 어떻게 점검하
고 교환해야 할지가 궁금해진다.

　이제부터 주행거리별 점검 및 교환 품목을 소개하려고 한다. 개인의
운전 습관과 운행 여건에 따라 달라지므로 대략적 기준으로만 삼으면
된다.

기본 점검과 주행거리별
소모품 교환이 차를 오래
타는 비결이다.

주행거리별	점검 사항	소모품 교환
7,000~8,000km마다	전조등, 와이퍼, 경음기, 냉각장치 호스(탄력, 누수, 균열 확인)	엔진오일, 엔진오일 필터, 에어클리너
10,000km마다	앞뒤 타이어 위치 교환	부동액, 브레이크 패드, 배터리, 휠 밸런스, 자동변속기 오일
20,000km마다	연료필터, 인젝션 펌프 및 호스, 브레이크 패드(라이닝), 브레이크 디스크(드럼), 냉각팬, 등속 조인트, 머플러, 주차 브레이크, 조향장치 링크, 현가장치 볼 조인트, 스로틀보디, 배터리, 타이밍벨트	점화플러그, 와이퍼 블레이드, 브레이크액
40,000km마다	휠 얼라인먼트	부동액, 머플러, 수동변속기 오일
50,000km마다	서스펜션 부품, 앞뒤 구동축	
100,000km마다	연료탱크, PVC밸브	쇽업소버, 냉각펌프

052

가장 신경 써야 할
소모품 3가지

자동차 관리 중에서 가장 중요한 것이 바로 소모품 교환이다. 소모품 교환 시기에 대한 정보는 여기저기에 넘쳐난다. 잔고장 없이 오래 타기 위해서는 자동차 메이커에서 권장하는 교환 시기의 70~80%에 교환하는 것이 좋다. 소모품 중 가장 신경 써야 할 엔진오일, 점화플러그, 연료필터에 관해 알아보자.

① **엔진오일:** 시내 주행을 많이 한다면 7,000~8,000㎞마다 교환, 고속

⚡ 박병일 명장의 **자동차 TIP** ⚡

일반 플러그를 백금 플러그로
바꾸면 안 되는 경우

일반 플러그를 백금 플러그로 바꾸면 당연히 좋지만 주의해야 할 경우가 있다. 바로 오일 소모가 많은 차량에 백금 플러그는 금물이기 때문이다. 오일이 소모되면서 엔진의 열이 높아져 백금 플러그를 녹게 만들고 이는 엔진 고장으로 이어질 수 있다.

도로 주행을 많이 한다면 10,000㎞마다 교환하는 것이 좋다. 오일 교환 시는 오일필터와 에어필터도 함께 교환해야 한다.

② **점화플러그**: 일반 플러그는 20,000㎞마다, 백금 플러그는 100,000 ㎞마다 교환해야 연비는 물론 출력 또한 좋아진다.

③ **연료 필터**: 연료 필터는 연료의 불순물이 실린더 안으로 들어가지 못하도록 걸러주는 장치다. 엔진오일의 불순물을 걸러주는 오일 필터와는 다르다. 연료 필터는 약 30,000㎞마다 교환해야 한다. 교환 시기기 늦어지면 가솔린, 디젤엔진 모두 인젝터 불량이 생겨 매연 발생, 출력 부족, 연비 저하가 될 수 있다.

053

사랑한다면
셀프 세차를

세차는 내 차 관리의 시작이자 끝이며 가장 자주 하는 일이기도 하다. 자동세차보다는 내 손으로 하는 셀프 세차가 좋다. 자동세차는 지속적으로 미세한 흠집을 만들기 때문이다. 직접 내 차를 닦다 보면 구석구석 살펴볼 수 있으니 그 또한 좋다. 세차를 해도 깨끗해지지 않는다면 흠집이 원인일 수 있다. 흠집이 많은 차는 세차를 해도 왠지 지저분해 보인다.

☑ 평소에 차를 깨끗하게 유지하는 법

평소 먼지떨이를 이용해 차의 먼지를 제거하면, 세차 횟수도 줄이고 심한 오염도 방지할 수 있다. 또 정기적 세차는 매우 중요하다. 세제를 이용한 세차는 한 달에 한 번 정도만 하고 중간중간 세제 없이 물 세차를 해주는 것이 좋다. 특히 눈이나 비를 맞은 후에는 최대한 빨리 세차하는 것이 중요하다. 요즘 내리는 눈비에는 미세먼지와 황사, 산성 성분이 섞여 있기 때문에 차체에 좋지 않다.

미세한 흠집을 지속적으로 만드는 자동세차

☑ 셀프 세차하는 방법

① 물은 위에서 아래로 뿌린다.

아래쪽의 오물이 튀는 것을 막기 위해서는 차의 지붕 쪽에서 물을 뿌리는 것이 좋다. 세차용 고무호스를 사용할 경우, 흙이나 모래 등이 묻어 있는 호스가 차체를 긁지 않도록 주의해야 한다.

② 세차는 그늘진 곳에서 한다.

햇빛이 쨍쨍한 날, 직사광선 아래에서 세차를 하면 물방울이 볼록렌즈 역할을 해서 차체 표면에 얼룩을 만들 수 있다. 왁스 작업 시에도 직사광선은 좋지 않다.

③ 자동차 전용 세제를 쓴다.

간혹 주방용 세제를 쓰는 사람이 있는데, 주방 세제는 차체 표면을 보호하는 왁스층까지 씻어내므로 좋지 않다. 세차할 때마다 세제를 이용할 필요는 없다. 세차한 지 얼마 안 됐다면 물로 먼지를 털어내고 깨끗하고 부드러운 천으로 물기만 제거해도 충분하다.

내 차 관리의 시작은 셀프 세차

054

광택 작업과
잔 흠집 관리

출고된 지 10년이 넘었는데도 새 차처럼 반짝반짝 빛나는 차가 있고, 4~5년밖에 안 됐는데도 찌든 때와 얼룩이 덕지덕지한 차가 있다. 기계적인 성능 유지 못지않게 '피부관리'가 중요하다는 것을 말해준다.

☑ 광택 작업은 출고 2년 후부터

요즘 신차는 최첨단 기술로 도장 처리되어 나오지만, 갓 출고된 차의 도장 면은 아기 피부와 같다고 생각해야 한다. 갓 출고된 차의 보디 페인트가 완전히 건조되어 경도가 생기려면 약 3개월이 필요하다. 이 기간 중에 세차를 하면 미세한 흠집이 생길 수 있다. 새 차의 반짝임을 유지

잔흠집을 관리할 수 있는 컴파운드 작업

기계를 이용한 광택 작업

하기 위한 광택 작업 역시 출고 후 2년 이상 지나서 하자. 횟수는 2년에
1회면 충분하다.

☑ 잔 흠집은 컴파운드로

차의 흠집은 맑은 날 역광으로 보면 쉽게 드러난다. 차 표면을 보면 미
세한 스크래치가 원형이나 직선으로 퍼져 있는데, 이런 흠집은 빛을 난
반사시켜 도장면을 뿌옇게 보이게 한다. 흠집이 심하지 않다면 시중에
서 쉽게 구할 수 있는 컴파운드로 상당한 효과를 볼 수 있다. 단, 이 작
업은 피부 박피술처럼 도장 표면을 아주 얇게 벗겨내는 것이므로 자주
해서는 안 된다.

　부드러운 천에 컴파운드를 묻혀 스크래치가 난 방향과 직각으로 문
지르면 작은 흠집은 거의 제거된다. 이후엔 광택 작업을 한다. 차를 그
늘에 주차한 뒤 지붕, 보닛, 도어, 트렁크 부분으로 나눠 단계적으로 하
는 것이 좋다. 광택을 오래 보존하고 싶다면 코팅까지 해주면 좋지만,
한 번 바랜 도장면은 원래대로 되돌리기 힘들다.

나무 밑 주차를 피해야 하는 이유

여름철 땡볕을 피하려고 나무 밑을 찾아 주차하는 사람들이 많다. 그런데 장시간 주차라면 도장 면에 치명적이다. 수액이 떨어져 차체에 묻으면 도장 색상이 변하기 때문이다. 강한 산성을 띠는 새의 배설물, 곤충의 사체, 공장 지역의 낙진, 지하주차장 천장에서 떨어지는 시멘트 물, 브레이크액이나 부동액 등도 도장면을 손상시킨다.

이런 물질이 차체에 묻으면 즉시 깨끗한 물로 닦아내야 한다. 기계적 광택 처리를 하면 오염된 도장을 어느 정도 되살릴 수 있지만, 도장 표면을 얇아지게 하므로 주의해야 한다.

055
유사 석유를
피하는 방법

차를 아낀다면 가장 먼저 해야 할 것이 가짜 기름을 피하는 일이다. 전문 기관에서는 적외선 장비를 이용해 가짜 휘발유와 정품 휘발유를 판별한다. 첨가물이 섞인 휘발유와 순수 휘발유는 적외선을 투사했을 때 투과되는 정도가 다르기 때문이다.

착색제를 이용하는 방법도 있다. 휘발유 15㎖를 채취해 발색 시액 1㎖를 넣은 후 1분간 흔들어 색상이 변하면 유사 석유로 판별한다. 이밖에 냄새나 색깔로 확인하는 방법도 있다. 정품 휘발유에 솔벤트, 벤젠, 톨루엔을 섞으면 연료 냄새나 색깔이 당연히 달라지기 때문이다. 하지만 일반인이 알아채기는 어렵다. 의심된다면 피하는 것이 상책이다.

다음은 유사 석유로 의심해 봐야 하는 경우들이다.

① 같은 지역 평균 가격에서 리터당 100원 이상 차이 나는 경우
② 차 출력이 떨어졌을 경우(특히 언덕길에서 노크 발생)
③ 연비가 현저히 떨어진 경우
④ 공회전 상태에서 매캐한 냄새가 날 경우
⑤ 배출가스 측정 시 배기가스가 과다할 경우
⑥ 엔진 부조가 자주 일어날 경우(인젝터, 산소센서, 촉매 고장 등)

056

자동차
선팅 관리

자동차에 선팅을 하는 이유는 자외선 차단과 사생활 보호다. 이 밖에도 냉난방 효율을 향상시키고, 사고 시에 유리 파편의 비산을 막아주는 효과도 기대할 수 있다.

☑ 자동차 선팅에 대해 잘못 알고 있는 상식 3가지
① 색상이 진할수록 단열 효과가 좋다.
뜨거운 열은 적외선이라는 일종의 전자파이므로 색상과 아무 상관이 없다. 전자파를 차단하는 코팅제로 처리된 투명한 필름이 그렇게 하지 않

올라운드 선팅이 된 테슬라 자동차

은 진한 색상 필름보다 단열효과가 수십 배 좋을 수 있다.

② 선팅만 하면 자외선이 차단된다.

선팅 색상이 어느 정도 자외선 차단에 도움이 될 수는 있지만, 근본적으로 자외선 차단 코팅을 통해 해결해야 한다.

③ 전면 선팅은 위험하다.

전면 유리 전용 제품을 사용하면 냉난방 성능 향상은 물론이고 안전성까지 높일 수 있다. 전면 유리를 제외하고, 옆과 뒷유리만 시공하면 30~40% 정도의 선팅 효과밖에 기대할 수 없다.

☑ 자동차용 선팅 필름 종류

종류	특성
컬러필름	폴리에스테르에 컬러를 넣고 자외선 코팅을 한 필름. 자외선 차단율은 7~10% 정도로 미미하다.
금속코팅 단열필름	필름과 필름 사이에 금속 피막을 삽입해 단열 효과와 차단성을 높이고 성능을 향상시켰다. 컬러필름에 비해 안전성과 자외선 차단율이 좋다.
특수코팅제 단열필름	나노 복합재 등 특수 코팅 원단을 사용한 필름이다. 가장 이상적인 고급 필름으로 반영구적 사용이 가능하다. 자외선 차단율도 90% 이상이다.

☑ 좋은 선팅 필름 체크리스트

① **평면도**: 선팅 후에도 구김 등 결이 발생하지 않아 유리가 매끈하다.

② **단열 및 자외선 차단 효과**: 차량 에어컨을 자동 모드로 놓고 비교해보면 단열 효과를 알 수 있다. 또 선팅을 한 후에는 차량 안에 신문지를 놓아두고 변색 여부를 살펴보자. 자외선 차단 효과를 알 수 있다.

③ **텔레매틱스 등 전자장치 작동**: 불량 선팅 필름은 전자장치 작동을 방해하는 경우가 있으므로 반드시 체크해야 한다.

057

자동차
히터 관리

　가족 건강과 안전을 위해서는 차량의 히터 관리에 신경 써야 한다. 히터의 상태는 우선 냄새로 알 수 있다. 히터를 켰을 때 매캐한 곰팡이 냄새가 나고 통풍구에서 먼지가 날린다면, 히터가 심각하게 오염됐다는 증거다. 차내필터(흔히 에어컨 필터라고 부른다)를 점검해 오염이 심하다면 수명을 따지지 말고 바로 교환하자.

☑ 곰팡이 냄새 처치법
히터에서 곰팡이 냄새가 심하게 날 때는 곰팡이 제거제를 뿌린 뒤 히터를 5분 정도 강하게 가동하면 효과를 볼 수 있다. 겨자 탄 물을 분무기에 넣어 히터에 살포하는 방법도 있다. 차의 악취를 없애기 위해 방향제나 향수를 뿌리는 것은 금물이다. 여러 냄새가 뒤섞여 새로운 악취를 만들어내기 때문이다. 이런 상태로 오랫동안 운전하면 머리가 어지럽고 피로와 졸음이 밀려온다.

☑ 차내 온도는 21~23도를 유지
졸음운전은 교통사고를 일으키는 주범인데 겨울철 창문을 닫은 채 히터를 작동시켰을 때 빈번히 발생한다. 산소가 부족하면 졸리고 집중력도

악취의 주범인 오염된 차
내필터(에어컨 필터)

감소된다. 운전 중 졸음이 밀려온다면 일단 히터를 끄고 창문을 열어 환
기해야 한다. 송풍구 방향도 얼굴보다는 앞 유리나 발 밑을 향하도록 한
다. 차내 온도를 적절히 유지하는 것도 중요하다.

058

자동차 유리 관리

유리에 뿌연 때가 끼인 것처럼 보이고, 와이퍼를 바꿔도 유리가 깨끗이 닦이지 않는다면 유리가 부식되었을 확률이 높다. 또 헝겊으로 힘껏 문질러도 닦이지 않고 뿌드득 하는 소리가 난다면 손상을 의심해야 한다. 유리 부식은 수액, 낙진, 알칼리성 세제 등으로 생긴 얼룩에 오염됐기 때문이다. 겨울철 성에나 눈을 무리하게 제거하다가 유리 표면에 흠집이 났을 수도 있다.

유리에 물기가 남아 있는 상태에서 습도 높은 지하 주차장에 장시간 방치했을 때도 부식이 된다. 유리에 뭉쳐 있던 물방울이 오랜 시간에 걸쳐 마르면서 유리가 높은 농도의 알칼리성으로 바뀌고 결국 부식되는 것이다. 유리 부식이란 유리 표면이 미세한 요철 형태로 바뀌는 것을 말한다. 유리 부식을 예방하려면 지하주차장에 오랜 시간 주차하지 않는 것이 좋다.

☑ 유리 부식은 연마제로

부식이 심하면 당연히 새 유리로 교환해야 하지만, 가벼운 정도라면 연마제를 사용해 처음 상태로 되돌릴 수 있다. 화공약품이나 연마제 취급점에서 산화세륨을 구입해 물과 1대1로 혼합한 뒤 오염 부위를 집중적으로 문질러 주고 물로 닦아내면 된다. 또 유리 세정제를 스펀지에 묻혀 부식 부위를 골고루 잘 닦아내면 웬만한 부식은 사라진다.

☑ 워셔액은 물보다 강하다

워셔액은 정비센터에서 공짜로 보충해 주거나 몇 천원이면 살 수 있는 저렴한 제품이지만 물과는 다르다. 워셔액의 주성분은 기름을 녹이고 어는 것을 방지하는 알코올, 오물이 유리에 붙는 것을 방지하는 계면활성제, 부식을 방지하는 방청제 등이다.

워셔액 대신 물을 뿌려도 겉으로는 별 차이가 없는 듯 보인다. 그러나 물은 먼지와 기름 성분을 깔끔하게 닦을 수 없고, 유리를 덮은 먼지 덩어리를 닦아내는 데도 한계가 있다. 또한 노즐에 녹이 발생할 수도 있다. 금속으로 만들어진 자동차는 물과 상극이다. 결국 운전자 시야를 가려 사고 날 가능성이 높아진다는 뜻이다. 물은 워셔액을 구할 수 없는 곳에서 잠깐 사용하는 데 그쳐야 한다.

☑ 성능 떨어진 와이퍼는 유리 손상의 주범

와이퍼를 작동시킬 때 '삐익' 소리가 난다면 수명이 다했다는 뜻이므로 즉시 교체하자. 성능이 떨어진 와이퍼를 계속 사용하면 유리 자체를 교체해야 하는 상황이 발생한다. 앞 유리가 미세먼지나 황사로 더러워졌다면 우선 먼지를 털어내고 워셔액을 충분히 뿌린 뒤에 와이퍼를 작동하자. 그래야 유리에 흠집이 나지 않는다.

059

더 오래 더 안전하게 타는
타이어 관리

차를 운행하지 않았으니 타이어는 새것과 다름없다는 생각은 위험하다. 운행을 하든 하지 않든 타이어는 5년 이상 경과되면 안 된다. 산소와 만나는 순간, 타이어의 고무 성분이 산화(경화)되기 때문이다. 따라서 오래된 타이어는 내구성이 떨어져 차량의 무게와 속도를 견딜 수 없다.

타이어는 제조일자와 성능이 직결되므로, 타이어 구입 시엔 반드시 제조일자를 확인해야 한다. 시중가보다 훨씬 저렴하게 파는 타이어 중에는 제조일로부터 2~3년 지난 재고도 있으니 주의가 필요하다. 그런데 제조일자를 알아보는 것이 쉽지는 않다. 제조사마다 제각각일뿐더러 소비자가 알아보기 어렵게 표기되어 있기 때문이다.

☑ 타이어 정보 확인하기

타이어 옆면에는 타이어의 종류와 규격, 구조 패턴, 제조회사 등이 표시된다. 보통 규격은 '215 55R 17'과 같은 식으로 표기된다. 앞의 215는 타이어 단면의 폭, 55는 편평비(타이어 단면의 폭에 대한 높이의 비율), 17은 림(휠)의 바깥 지름이다.

타이어 옆면에는 DOT NO라는 표시가 있다. 보통 이 뒤에 숫자가 나오는데 그것이 제조일자다. 예를 들어 '2123'이라고 표기되었다면 앞의

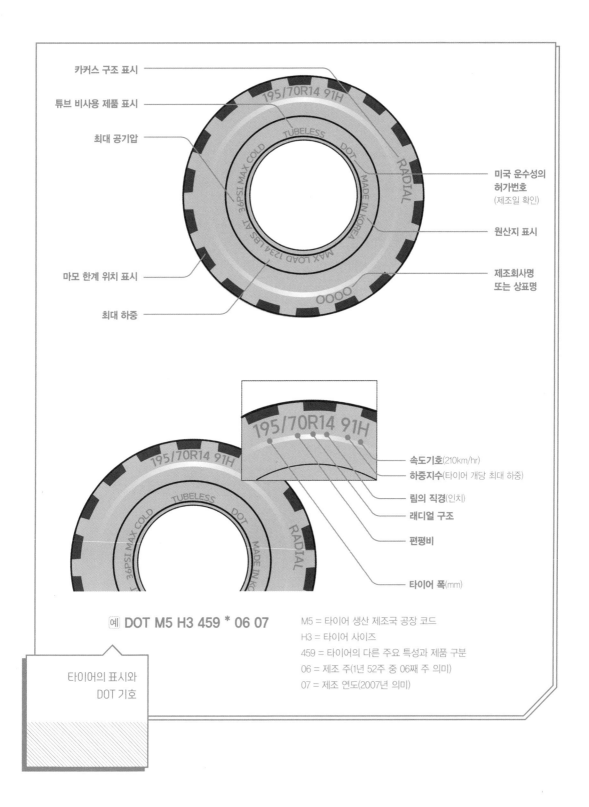

카커스 구조 표시

튜브 비사용 제품 표시

최대 공기압

마모 한계 위치 표시

최대 하중

195/70R14 91H

TUBELESS

36PSI MAX COLD

MAX LOAD 1234 LBS AT 36PSI

DOT

MADE IN KOREA

RADIAL

OOOO

미국 운수성의
허가번호
(제조일 확인)

원산지 표시

제조회사명
또는 상표명

195/70R14 91H

TUBELESS

36PSI MAX COLD

DOT

MADE IN K

RADIAL

195/70R14 91H

속도기호(210km/hr)

하중지수(타이어 개당 최대 하중)

림의 직경(인치)

래디얼 구조

편평비

타이어 폭(mm)

예 DOT M5 H3 459 * 06 07

M5 = 타이어 생산 제조국 공장 코드
H3 = 타이어 사이즈
459 = 타이어의 다른 주요 특성과 제품 구분
06 = 제조 주(1년 52주 중 06째 주 의미)
07 = 제조 연도(2007년 의미)

타이어의 표시와
DOT 기호

'21'은 생산한 주, 뒤의 '23'은 생산년도이다. 다시 말해 2023년의 21번째 주에 생산된 타이어란 뜻이다.

☑ 타이어 위치 바꾸기

타이어를 안전하게 오래 사용하려면 10,000㎞ 주행마다 위치를 바꿔주면 된다. 도로 상태나 운전 습관에 따라 편마모가 발생하기 때문이다. 편마모가 발견되면 앞뒤 타이어를 좌우로 바꿔 장착하면 된다. 즉 앞의 우측 타이어를 뒤의 좌측으로 보내는 식이다.

적정 공기압 유지도 중요하다. 공기압이 많이 부족한 상태에서 장시간 고속주행을 하면 타이어가 찌그러진 상태로 달리게 되어(스탠딩 웨이브 현상) 파열의 위험이 있다. 특히, 앞쪽 타이어는 더 위험하다.

☑ 타이어 교환 시기

타이어는 소모품이다. 5년이 지나지 않았더라도 내구성에 문제가 있다

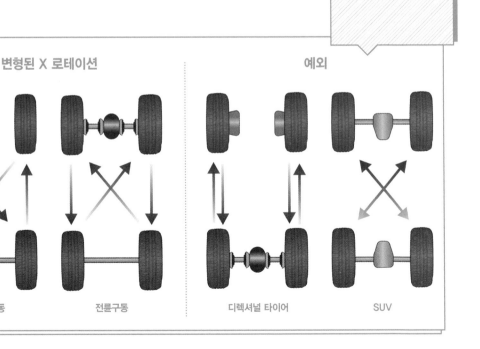

타이어 위치 교환하는 법

변형된 X 로테이션 　　　　　 예외

후륜구동　　　　전륜구동　　　　디렉셔널 타이어　　　　SUV

면 교체해야 한다. 일단 트레드 홈의 깊이가 1.6㎜ 정도밖에 되지 않는다며 주저 없이 교체하자. 흔히 운전자들은 타이어 옆면의 ▲ 표시가 닳았을 때가 교체 시기라고 판단하는데, 조금 위험한 생각이다. 여름 장마철이나 겨울 빙판길에서는 트레드 홈의 깊이가 3㎜ 이상 되어야 안전을 담보할 수 있다.

⚡ 박병일 명장의 **자동차 TIP** ⚡

전 세계 타이어 시장 규모

글로벌 타이어 시장은 약 200조 원 규모라고 한다. 그런데 5개 회사가 이 큰 시장의 절반을 차지하고 있다. 즉 브리지스톤, 미쉐린, 굿이어, 콘티넨탈, 피렐리다. 그렇다면 국내 타이어 시장은 어떨까? 놀랍게도 한국 제품이 약 90%를 점유하고 있다. 1위는 점유율 약 40%의 한국타이어이고, 그다음이 금호타이어와 넥센이다.

060

타이어 공기압 관리가
중요한 이유

    타이어 내부에는 무엇이 있을까? 답은 공기다. 따라서 무거운 차체를 지탱해주는 것은 타이어가 아니라 타이어 안의 공기인 셈이다. 공기압은 차의 주행과 안전에 크게 영향을 미친다. 고속도로 주행 중 파열된 타이어가 버려진 것을 본 적이 있을 것이다. 고속 주행 중 타이어 파열은 대형사고로 이어지는데 대표적인 것이 스탠딩 웨이브 현상이다.

☑ 스탠딩 웨이브 현상이란
공기압이 과하거나 부족할 때 타이어가 펑크 나거나 파열하기 쉽다. 공

타이어 공기압은 정기적
으로 점검해야 한다.

공기압 부족을 알리는 경고등

기압이 부족하면 원형으로 회전해야 할 타이어가 찌그러진 채 돌아간다. 고속 주행을 하면 찌그러진 타이어는 미처 원형으로 회복되지 못한 채 찌그러진 형태 그대로 회전한다. 이때 타이어 주변부가 마치 물결치는 모양으로 보인다 해서 '스탠딩 웨이브' 현상이라 부른다.

061

자동차 오래 타는 비결 9가지

운전자들 사이에서는 '국산차는 출고 후 3~5년 후, 혹은 70,000㎞ 뛰면 문제가 생긴다'라는 얘기가 떠돈다. 그런데 이런 이상 증상은 자동차 본연의 문제라기보다는 관리 부족일 가능성이 크다. 자동차를 오랫동안 고장 없이 사용하는 비결을 알아보자.

☑ 처음부터 15~20년 타겠다고 다짐한다

국산 차의 수명은 대략 500,000㎞로 본다. 차를 오래 타는 것은 결코 부끄러운 일이 아니다. 차를 자주 바꿀수록 손해라고 생각해야 한다. 처음부터 15~20년 이상 타겠다고 마음먹으면 운전 습관이 변하고, 차를 관리하는 태도가 달라진다.

☑ 새 차를 오래 세워두지 않는다

새 차는 처음 1,000㎞ 운전할 때까지 길을 잘 들여야 오래 간다. 급제동, 급출발을 삼가고, 엔진이 3,000rpm을 넘지 않도록 안전 운행을 한다.

차를 오래 세워두는 것도 좋지 않다. 적어도 일주일에 한두 번, 10분 정도 워밍업을 해준다. 주차 시엔 늘 습기에 신경 쓰고, 엔진 아래에 오일이 떨어진 흔적이 있는지도 확인한다.

☑ 가족을 생각하며 운전한다

1㎞ 주행 시, 운전자는 평균 13회 판단을 내리고, 20회 판단 중에 한 번 쯤은 잘못된 결정을 내린다는 연구 결과가 있다. 과속이나 추월은 잘못된 판단을 부추기는 가장 큰 원인이다. 하지만 가족을 생각하며 운전하면 사정이 달라진다. 급제동, 급출발, 끼어들기, 과속을 하지 않게 되므로 그만큼 차의 수명이 연장되고 사고의 가능성도 줄어든다. 도로 표지판의 지시 사항만 제대로 지켜도 사고의 절반을 예방할 수 있다.

☑ 피부관리에 신경 쓴다

20년 이상 탄 차가 새 차보다 더 반짝거릴 수 있을까? 이것은 필자가 직접 경험한 사례다. 차주는 '1주일에 한 번 왁스를 바르고 자동세차를 안 하기 때문'이라고 비결을 밝힌다. 차의 빛깔이 변하거나 녹이 슬면 자동차에 대한 애정이 줄고 자연히 관리에 소홀해진다. 가벼운 접촉 등으로 생긴 작은 흠집을 방치하면 무서운 속도로 녹이 번지므로, 예방 차원에

⚡ 박병일 명장의 자동차 TIP ⚡

초간단 사고 예방법

대부분의 운전자가 흐린 날이나 해 질 녘에 라이트를 켜지 않는다. 전기를 아끼겠다는 생각은 아닐 테고(엔진 작동 중에는 라이트를 켜도 절대 배터리가 닳지 않는다) 아마도 미처 생각하지 못하거나 귀찮아서일 것이다.

그런데 통계에 따르면, 하루 중 교통사고가 가장 많은 시간은 오후 4~6시라고 한다. 자동차 라이트는 진행 방향의 시야 확보뿐 아니라 다른 차에게 자신의 존재를 알리는 방법이므로 가장 간단한 사고 예방법이라 할 수 있다. 궂은 날이라면 낮에도 라이트를 켜고, 어둑어둑해지면 라이트부터 켜는 습관을 들이자.

서 방청 처리를 하고 한 달에 한 번 정도는 왁스를 사용하도록 하자.

☑ 궂은 날 운행을 피한다

날씨가 나쁘다고 운행을 안 할 수는 없겠으나 가능하면 피하는 것이 차를 오래 타는 비결인 것은 확실하다. 비나 눈이 오는 날은 사고 위험이 클 뿐 아니라 산성비와 눈은 차를 빨리 부식시키기 때문이다.

☑ 소모품을 제때 교체한다

소모품만 제때 교환해 주어도 고장을 크게 줄일 수 있다. 일반적인 소모품 교환 주기는 점화플러그(20,000km), 백금 플러그(100,000km), 타이밍벨트(120,000~150,000km), 구동벨트(100,000km), 브레이크 앞 패드 점검(30,000~40,000km), 뒤 라이닝(60,000~80,000km), 자동변속기 오일(70,000~80,000km), 타이어(50,000km)이다. 기타 소모품은 취급설명서에 자세히 나와 있으니 참고하자.

☑ 차계부를 꼼꼼히 쓴다

경제 운전의 바이블은 바로 차계부다. 연료를 넣거나 소모품을 교환할 때 1분만 투자하면 유지비를 절감하고 차량 관리 상태를 한눈에 볼 수 있다. 예를 들어 엔진오일 교환 시기와 주행거리를 기록해 두면, 정확한 시기에 오일을 교환할 수 있다. 아울러 소모품 교환 주기와 가격을 기록해 두면 바가지를 쓸 염려도 없다. 일본의 경우, 차계부가 없으면 중고차 판매 시 정상 가격보다 10% 가격을 깎도록 제도화하고 있다. 요즘은 편리한 차계부 어플도 많이 나와 있어 더 편리하다.

☑ 자가 점검과 정비를 생활화한다

프랑스 사람들은 자동차를 오래 타는 것으로 유명하다. 비결은 자가 정비다. 다양한 공구를 갖추고 웬만한 고장은 스스로 해결한다. 아버지는

대표적인 차량 관리 어플 '마이클'

아들에게 자동차에 대해 가르치고, 자기가 사용하던 공구를 물려준다고 한다. 조금만 노력하면 못 할 일도 아니다. 거기다 정비소에서 간단한 기기 점검하는 법까지 배워두면 금상첨화다.

☑ 단골 정비소를 정해 놓는다

'현대사회에서는 변호사, 의사, 정비사와 친해야 편하다'라는 말이 있다. 차도 정기적으로 진단하는 것이 중요하다. 친구나 가까운 친척이 운영하거나 믿을 만한 정비업소를 정해 놓으면 잔병을 예방하고 간단한 정비 기술도 배울 수 있다.

☑ 보닛을 자주 열어 본다

엔진오일, 배터리, 파워 스티어링 오일, 브레이크액 등을 자주 점검한다. 특히 여성 운전자 가운데는 자기 손으로 보닛을 여는 것을 두려워하는 경향이 있는데 그럴 필요가 없다. 평소에 보닛을 열어보고 자기 차의 구조와 부품의 위치를 익혀두면 비상시에 도움이 된다.

062

자동차 관리 캘린더
3월

자동차를 관리하는 데도 스케줄이 필요하다. 특히 매년 3월, 7월, 12월 초에는 특별 관리가 필요하다. 먼저 긴 겨울을 지난 후, 봄맞이 관리는 중요하다. 자칫 점검 시기를 놓치면 환절기 병에 걸려 안전은 물론 손해까지 감수해야 하기 때문이다. 누누이 말하지만 잘만 관리하면 자동차는 무리 없이 500,000㎞까지 탈 수 있다.

☑ 등화장치 점검

봄철이 되면 등화장치 불량으로 정비업소를 찾는 차들이 늘어난다. 겨울철엔 전기 사용량이 늘어나고 추위 때문에 외관 관리에 소홀하기 때문이다. 통계를 보면, 전체 조사 차량 중 전조등 20.2%, 방향지시등 11.1%, 차폭등(미등) 26.4%, 제동등 39.5%, 후진등 7.1%, 번호등 22.6%가 불량으로 조사되었다. 즉 5대 중 1대가 등화장치 불량이다.

특히 제동등 불량율이 가장 높아 급제동 시 추돌사고의 위험성이 높다. 전조등, 차폭등, 후진등, 제동등, 방향지시등은 안전 신호의 역할을 하므로 평상시에도 늘 점검해야 한다. 등화장치는 혼자서 확인하기 어려우므로 다른 사람의 도움을 받거나 정비업소를 방문하여 점검하도록 하자.

등화장치 중 제동등 불량률이 가장 높다.

☑ 타이어 점검

겨울철 눈길이나 빙판에서 타이어의 접지력을 높이기 위해 공기를 조금씩 빼고 운전했다면 공기압을 적정 수준으로 다시 맞춰준다. 적정 공기압은 연비는 물론 타이어 수명, 승차감과도 직접적으로 관련되어 있다.

☑ 엔진오일, 에어클리너 교환

겨울에는 워밍업과 급격한 온도 변화로 엔진오일 점도가 많이 떨어진다. 상태를 점검해 교환 시기에 가까우면 미리 교환하고, 상태가 양호하면 에어클리너라도 교환해준다.

☑ 일광욕과 하부 세차

겨우내 창문을 닫고 히터를 사용하므로 차 안에는 매캐한 냄새가 묵어 있기 마련이다. 날씨 좋은 날 바닥 매트를 걷어내고 트렁크를 열어 1~2시간 일광욕을 시켜주고 압축 공기로 구석구석 불어내며 청소를 해준다.

또 겨울철 혹독한 시련을 겪는 곳은 차의 밑바닥과 바퀴집(휠하우스)이다. 바닷가의 염분, 온천 지역의 유황 성분, 스키장 부근의 제설용 염화칼슘 등이 주범이다. 셀프 세차로 하체 부분을 깨끗이 씻어주자.

☑ 차내필터 점검

차내필터Cabin Air Filter는 2000년부터 승용차에 장착되기 시작했다. 현재 생산되는 대부분의 차량에 장착되어 있다고 보면 된다. 겨울철 히터 사용으로 오염된 필터를 제대로 점검하지 않으면 먼지 덩어리 상태가 된다. 특히 시내 주행이 많은 차는 필수 점검 대상이다. 평소 차내에서 매캐한 묵은 냄새가 난다면 차내필터 점검부터 하자.

☑ 스노우 타이어와 에어컨 관리

스노우 타이어는 보통 겨울철 3개월 정도 사용한다. 빼낸 타이어는 안에 신문지를 넣어 음지에 세워 보관하는 것이 좋고, 마땅치 않으면 단골 정비업소에 맡기는 것도 방법이다. 스노우 체인은 방청제를 가볍게 뿌려 비닐봉지에 밀봉 보관한다. 에어컨도 1~2분씩 워밍업을 시켜 주는 것이 좋다.

☑ 주차 브레이크 점검

주차 브레이크를 당겼을 때 딱딱 하는 소리가 6~10회 이상 난다면 점검이 필수다. 주차 브레이크 불량은 미끄럼 사고로 이어지기 때문이다. 주행거리가 만 단위로 짝수일 때, 즉 2만, 4만, 6만, 8만 킬로미터일 때는 반드시 점검이 필요하다. 잘 가는 차보다 잘 서는 차가 중요하다.

063

자동차 관리 캘린더
7월

여름 휴가 떠나기 전에 미리 타이어와 냉각 계통을 점검하자. 특히 초행길인 경우 운전에 능숙하다 해도 규정 속도를 지키는 것이 중요하다. 또 넓었다 좁아지는 길, 커브길, 장마철 움푹 파인 길 등을 조심해야 한다. 야간에 산길, 논길을 운행할 때는 상향등을 켜서 도로를 확인하고 주행하는 습관을 들이자.

장거리 운전 시 네비게이션 과열로 인한 화재의 위험도 있다. 또한 네비게이션이 직사광선에 직접 노출될 경우에도 위험하므로, 오랜 시간 정차할 때는 탈착해 보관하는 것이 좋다.

☑ 자동차용품 갖추기

타이어가 펑크 났을 때 도로 한가운데서 교체할 수는 없다. 이때 공기 펌프로 공기를 주입한 후 휴게소로 이동해 타이어를 교체해야 한다. 휴가 떠나는 차 안에는 공기 펌프, 잭, 교체 공구, 손전등, 테이프, 전조등 전구, 퓨즈, 워셔액, 안전 삼각대, 장갑 등이 갖춰져 있어야 한다.

또 휴가 차량에는 캠핑용 부탄가스, 일회용 라이터 등이 실려 있을 확률이 높아 자칫 위험한 상황이 만들어질 수 있다. 부탄가스 등은 충격을 받지 않게 수건으로 싸서 트렁크에 넣고, 일회용 라이터는 콘솔이나 박스 안에 보관하자.

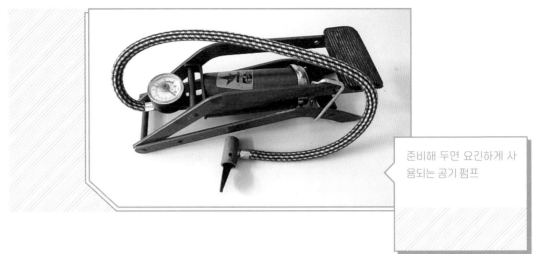

준비해 두면 요긴하게 사용되는 공기 펌프

☑ 차내필터 항균 제품으로 교체하기

차내필터가 막히거나 오염되면 산소 공급이 제대로 되지 않아 졸음이 오고 짜증이 난다. 휴가 떠나기 전에 항균 필터로 교체하고 주차는 가급적 그늘진 곳에 하자. 에어컨을 틀더라도 2시간마다 창문을 열어 환기하고, 엔진의 온도 게이지를 늘 주시해야 한다.

☑ 고무 성분의 언더코팅 하기

휴가지가 바닷가라면 차체를 부식시키는 염분 대책을 세워야 한다. 새 차라 해도 하체 코팅이 부실할 수 있으니 안심해서는 안 된다. 일단 고무 성분의 언더코팅을 하는 것이 가장 좋고, 휴가에서 돌아오는 즉시 하체 세차를 하자.

☑ 냉각계통 등 점검

시내 주행만 하던 차가 고속도로 운행 시 가장 고장이 많은 곳이 바로 냉각 계통이므로, 휴가 떠나기 전에 냉각 계통 점검이 필요하다. 또 8,000㎞ 넘는 차는 타이밍벨트를 점검하고, 6,000㎞ 넘는 차는 브레이크 오일을 점검해야 한다. 수분이 생기면 페이퍼록 현상이 생길 수 있기 때문이다.

064

자동차 관리 캘린더
12월

겨울은 사람뿐 아니라 자동차에게도 혹독한 계절이니만큼 철저한 대비가 필요하다. 겨울이 오기 전 정비업소를 찾아 직접 점검해도 되고, 자동차업체나 손해보험사가 펼치는 월동 대비 무상점검 서비스를 이용해도 좋다.

☑ 엔진, 오일류, 벨트류 점검

엔진의 공회전 상태가 불안정하거나 힘이 달린다면 미리 정비업소에 들러 점검을 받자. 갑자기 기온이 떨어졌을 때 큰 고장을 일으키기 십상이다. 또 각종 벨트류와 호스의 조임 상태도 꼼꼼하게 살펴야 한다.

☑ 부동액 점검

겨울철마다 부동액을 일부러 넣을 필요는 없다. 대부분의 차들이 사계절 냉각수를 쓰기 때문이다. 그러나 지난 여름에 엔진 과열로 냉각수에 개울물 등을 넣어 임시 조치했다면, 기존 냉각수를 모두 빼내고 새로 부동액을 넣어 주어야 한다. 부동액과 물은 50:50의 비율로 넣는다.

☑ 히터, 열선, 와이퍼 점검

히터의 바람이 따뜻하지 않거나 엔진 예열 시간이 너무 길면 정비업소

겨울은 자동차에게도 혹독한 계절이므로 전체적인 점검이 필요하다.

에 들러 점검한다. 차량 뒤에 쌓인 눈을 녹이는 뒷유리 열선도 미리 점검한다. 열선 중간 부분이 끊어졌을 경우 간단하게 수리할 수 있는 제품도 나와 있다. 와이퍼가 낡으면 눈이나 비가 내렸을 때 제 역할을 하지 못할 뿐만 아니라 유리를 부식시킬 수 있으니 미리 교체하자.

☑ 배터리 점검

배터리를 교체한 지 2년이 넘었는데 그동안 수시로 살펴보지 않았다면 시동 거는 데 애를 먹을 수 있다. 평소 배터리 방전이 자주 일어난다면 발전기에 이상이 생겼다는 신호다. 이는 엔진의 힘이 떨어졌다는 의미이므로 기온이 급격히 떨어질 때 큰 고장을 일으킬 수 있다. 정비업체에 들러 배터리, 발전기, 엔진은 물론 오일류, 벨트류, 호스, 히터, 뒷유리 열선 등을 종합 점검해야 한다.

☑ 겨울용품과 언더코팅

겨울용 워셔액, 스노체인, 앞유리의 눈이나 얼음을 긁어내는 제품, 성에 제거제, 김서림 방지제 등 겨울용품을 미리 준비해 두는 게 좋다. 참고로 눈이 내린다고, 길이 얼었다고 무조건 스노체인을 장착하면 안 된다. 도로가 얼었을 때는 스노체인이 스케이트 날과 같은 역할을 해서 더 미끄러질 수 있기 때문이다. 눈이 많이 내리지 않을 때는 스노체인보다 스노 스프레이를 뿌리는 게 낫다.

눈이 올 때 도로에 뿌리는 염화칼슘은 차체를 녹슬게 하므로 오래된 차는 언더코팅을 해주는 것도 좋다.

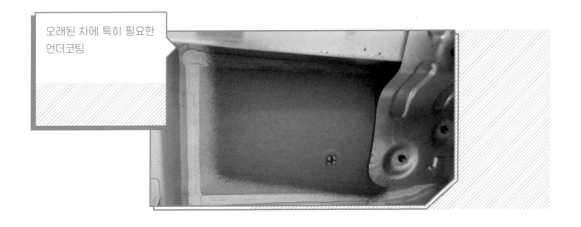

오래된 차에 특히 필요한 언더코팅

065

계기판 경고등의
색깔 차이

　운전 중 항상 보게 되는 계기판에는 엔진룸을 열고 직접 점검하는 것 이상의 알짜 정보들이 가득하다. 어떤 형태로든 경고등이 들어오면 응당한 조치를 취해야 한다. 단, 색깔에 따라 시급성에 차이가 있다. 적색등은 반드시 점검을 받은 후 운행하라는 뜻이고, 황색등은 운행은 가능하지만 빠른 시간 내 점검을 받으라는 뜻이다.

☑ 즉각 조치가 필요한 경우

엔진오일 경고등은 엔진오일의 양이 부족하다는 표시다. 최악의 경우엔 실린더와 피스톤이 녹아 붙어 엔진을 교환해야 할 수도 있으니 즉각 조치해야 한다. 또 배터리 경고등은 발전기가 더 이상 전기를 공급하지 못

적색등은 즉시 점검, 황색등은 빠른 시간 내 점검을 받으라는 의미다.

방향 표시등	뒷유리 와이퍼	앞유리 와이퍼	주차 브레이크 경고등	상향 빔	경적	상향 송풍구	열선 시트 (저온)	도어록
연료	뒷유리 간헐 와이퍼	앞유리 워셔액 레벨	ABS 고장	하향 빔	키 작동 (전원 콘센트)	상하향 송풍구	열선 시트 (고온)	윈도우 올림
급유구 방향	뒷유리 워셔	앞유리 열선 가열	안전벨트	프런트 안개등	후드 릴리스	하향 송풍구	재순환	컨버터블 4윈도우 다운
엔진오일	뒷유리 디프로스터	앞유리 디포로스터	에어백	실외 전구 고장	리프트게이트 릴리스	디프로스트/ 하향 송풍구	환풍 팬	파워 스티어링 오일
배터리 충전	열선 미러	앞유리 와이퍼	사이드 에어백	돔 램프	슬라이딩 도어	트렁크/데크 릴리스	에어컨	취급설명서 참조
엔진 냉각수 온도	어린이 시트 묶음띠 앵커	워셔	비상등	주차등	슬라이딩 도어	컨버터블 탑 올림	비상 릴리스 핸들	계기판 조명
엔진	연료 물 혼합	보조 안전장치	예열 플러그	라이터	도어 열림	컨버터블 탑 내림		마스터 조명 스위치

한눈에 보는
계기판 경고등

한다는 표시로 발전기 자체 결함이나 팬벨트가 끊어졌다는 의미다. 엔
진이 멈추거나 과열 우려가 있으므로 즉시 정비해야 한다.

☑ 빠른 시일 안에 점검이 필요한 경우

대표적 황색등이 엔진 체크 경고등이다. 초보 운전자들은 엔진 체크 경고등이 켜지면 지레 겁을 먹는데 특별한 증상이 없다면 당장 차를 멈출 필요는 없다. 노란 경고등은 운행이 가능한 고장이란

냉각수 부족 경고등이 켜진 모습

의미이므로 빠른 시일 안에 정비업소를 찾아 점검하면 된다.

☑ 원인 파악이 필요한 경우

주차 브레이크 레버를 내렸는데도 주차 브레이크 경고등이 들어오면 브레이크액이 적거나 스위치 불량이다. 당장 제동하는 데 문제가 없더라도 원인을 파악한 뒤 운행해야 한다. 또한 사이드 브레이크를 풀었는데도 사이드 브레이크 경고등이 켜지는 경우가 있다. 이는 브레이크액 부족이나 브레이크액 센서 불량일 확률이 높다. 드문 경우이긴 하지만 사이드 브레이크 소프트웨어 불량일 수도 있다.

⚡ 박병일 명장의 자동차 TIP ⚡

냉각수 온도 게이지가 H에 있으면 비상신호

냉각수 온도 게이지는 온도계 모양이어서 쉽게 확인할 수 있다. 바늘이 중간 정도에 위치해야 하는데, 중간을 넘어 빨간 선(H) 가까이 가면 냉각수 온도가 높아 엔진이 제대로 냉각되지 않는다는 비상신호다.

냉각수 온도 게이지가 H를 가리키는 데도, 주행이 어려울 정도가 되어서야 엔진 과열을 알아채는 경우도 있다. 엔진이 과열되면 열 팽창에 의해 금이 가거나 변형되어, 정비를 받아도 불안정한 공회전이 유발될 수 있다. 수입차 특히, 독일 차들은 냉각수 온도 게이지가 따로 없고 엔진오일 온도 게이지가 2가지 기능을 겸하기도 한다.

자동차
트러블 관리에서
연비 관리까지

CHAPTER
05

066

겨울철 가장 흔한 문제 상황
4가지

눈이 오고 길이 얼어붙는 겨울철에는 시동이 걸리지 않거나 바퀴가
헛도는 등 자동차도 잦은 문제나 사고를 일으키게 된다. 보험사의 긴급
출동 서비스를 부르지 않고도 스스로 대처할 수 있도록 간단한 요령을
소개한다.

☑ 눈길에서 바퀴가 헛돌 때

눈길에서 바퀴가 헛돌기 시작하면 엑셀 페달을 계속 밟아도 빠져나오기

> 눈밭에서 빠져나오기 어
> 려울 때는 타이어의 공기
> 를 약간 빼고 천천히 주행
> 한다.

힘들다. 이때는 자동변속기 레버를 저단에 놓거나 홀드 또는 스노 모드의 스위치를 누른 뒤 서서히 출발하면 된다. H메틱 자동변속기의 경우, 레버를 D에서 오른쪽으로 툭 쳐 '+ -' 모드에 위치시킨 후 + 쪽으로 한 번 더 민 뒤 살살 출발하면 홀드 모드 또는 2단 변속과 같은 효과를 얻을 수 있다

☑ 스노체인 없이 눈밭을 빠져나와야 할 때

주차장에 밤새 눈이 쌓였는데 스노체인이 없는 상태에서 주차장을 벗어날 생각을 하면 눈앞이 깜깜해진다. 이럴 때 임시방편으로 타이어 바람을 조금 빼고 천천히 그리고 부드럽게 주행하면 미끄러지는 것을 다소 줄일 수 있다. 타이어를 보면 공기를 넣는 곳에 뚜껑이 있다. 이것을 열면 중앙에 작은 돌출 부분이 나오고, 이곳을 누르면 공기가 빠져나간다. 눈길을 벗어난 뒤에는 반드시 가까운 정비업소에 들러 공기압을 적정 상태로 돌려야 한다.

☑ 차가 꽁꽁 얼어붙었을 때

다짜고짜 차 유리에 달라붙은 성에나 눈을 긁어내지 말고, 우선 히터를 틀어 송풍구를 유리 쪽으로 향하게 한다. 성에를 무리하게 긁어내다가 유리에 흠집이 크게 날 수 있기 때문이다. 유리에 흠집이 나면 와이퍼도 제 기능을 못하고 시야도 흐려진다.

또 눈이 내릴 때 주차해야 한다면 와이퍼를 세워두거나 박스나 신문지 등으로 앞 유리창을 덮어주자. 보기는 좋지 않아도 다음날 효과 만점이다. 도어의 자물쇠 부문이 얼었을 때는 라이터 등으로 키를 따뜻하게 한 뒤 구멍에 넣으면 쉽게 열린다.

☑ 차 문을 열기 두려운 정전기

겨울철 차 문을 열다 기분 나쁜 정전기에 깜짝 놀란 경험이 한두 번은

있을 것이다. 정전기는 습도가 낮고 바람 부는 날, 울 소재의 옷을 입었을 때 심하다. 정전기를 겨울철 불청객이라고 부르는 이유다. 요즘 차들은 정전기 방지용 도장을 하기에 문제점이 많이 줄었으나 사고 후 판금이나 도장을 새로 한 차는 정전기 문제가 생길 수 있다.

정전기를 막으려면 차 문을 여닫을 때 열쇠나 동전으로 차체를 가볍게 두드려보자. 효과가 있을 것이다. 또 자동차용품점이나 마트 등에서 파는 정전기 방지 제품을 이용해도 된다.

067
여름철 가장 흔한 문제 상황 4가지

여름철의 폭염과 긴 장마 역시 자동차에겐 힘든 시기다. 특히 엔진 과열은 위험 상황으로 연결되므로 각별한 대비가 필요하다.

☑ 엔진 과열

냉각장치에 이상이 생겨 엔진이 과열되면, 가장 먼저 계기판의 냉각수 온도 게이지가 적정 범위보다 올라간다. 이어서 엔진룸에서 김이 나기도 한다. 이때는 서서히 속도를 줄여서 안전한 곳에 차를 세우고, 엔진

여름철에 가장 위험한 상황은 화재로 이어질 수 있는 엔진 과열이다.

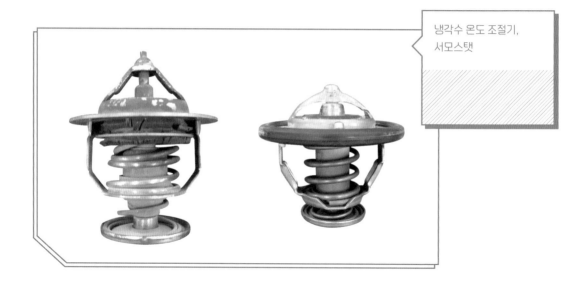

냉각수 온도 조절기,
서모스탯

을 식힌 뒤 냉각수를 넣어준다. 엔진 과열은 냉각수 누출이나 전동팬 고장 때문에 발생하는 경우가 많다. 오래된 차일수록 서머스탯(수온 조절기) 고장일 가능성이 크다.

☑ 와이퍼 고장

폭우가 쏟아질 때 와이퍼가 고장나면 불편을 넘어 위험 상황이 펼쳐진다. 낡은 고무 블레이드는 미리 교환하고 충분한 양의 워셔액도 갖춰 놓아야 한다. 또한 와이퍼 암의 볼트가 풀리면 제대로 작동하지 않으므로 단단하게 조여 놓아야 한다. 모두 점검했는데도 와이퍼가 작동하지 않으면 퓨즈의 단선 여부를 확인하고, 퓨즈가 정상이면 와이퍼 배선을 점검한다.

☑ 폭우로 인한 침수

침수된 차는 전기장치의 합선 우려가 있으므로, 시동을 걸지 말고 차를 밀거나 견인해 침수지역을 벗어나야 한다. 침수 차를 방치하면 엔진이나 변속기, 전기장치에 물이 스며들어 심각한 손상을 입을 수 있다. 엔진오일이나 변속기 오일 등이 오염됐는지도 확인해야 한다.

☑ 에어컨 악취

에어컨 가동 중에 나는 퀴퀴한 냄새는 젖은 증발기에 달라붙은 먼지나 이물질, 박테리아 때문이다. 냄새가 심하지 않으면 시판용 곰팡이 제거 스프레이를 뿌리고, 냄새가 심하면 증발기를 청소한다. 청소가 어려운 사람은 정비업소에 의뢰하면 된다.

보다 근본적인 해결책은 엔진을 멈추기 2~3분 전에 에어컨 스위치를 꺼서 증발기 안에 있는 수분을 제거해 주는 것이다. 더위가 지나가면 에어컨에 무관심한 운전자가 대부분이다. 그러나 사용하지 않을 때의 관리가 에어컨의 수명을 좌우한다. 에어컨을 쓰지 않는 계절에도 가끔 작동시켜 냉매 가스를 순환시키면 냉매 누설 및 관련 부품의 녹을 방지할 수 있다.

068

연료 부족으로 시동 꺼졌을 때 비상조치

　보통 승용차는 연료 최대 주입량의 10%가 남으면 연료 경고등이 켜지도록 되어 있다. 연료탱크 용량이 70리터인 중·대형차라면 7리터 정도 남았다고 보면 된다. 평균 연비를 계산하면 50~60km는 더 달릴 수 있으니 느긋해져도 된다. 급한 마음에 무리하게 가속과 감속을 반복하면 더 빨리 연료가 바닥난다.

　연료 부족으로 시동이 꺼졌다 해도 보험사의 긴급출동 서비스(비상 급유)를 이용하면 되니 걱정할 필요가 없다. 최악의 경우라면 다음의 두 가지 방법을 사용해보자.

① 차체를 힘껏 흔들어본다.
요철이 있는 연료탱크 바닥에 남아 있던 연료가 연료 라인으로 흡입돼 짧은 시동이 걸린다. 도로 가운데서 차가 멈췄을 때 유용한 방법이다. 단, 여러 차례 시도하면 스타팅 모터가 손상되니 무리하지 말자.

② 물을 이용하자.
급박한 상황이라면 연료탱크에 물을 조금씩 넣으며 시동을 걸어보자. 기름이 물 위로 뜨는 원리를 이용한 응급 조치법이다.

069

승용차(12V)와 디젤차(24V) 간의 점프하기

　전조등이나 실내등을 켜 놓은 채 차를 세워두어 배터리가 방전되는 경우는 흔하다. 요즘엔 시간이 지나면 자동으로 전원이 차단되는 기능을 갖춘 차들도 있다. 그런데 오래된 차는 등을 켜 놓지 않아도 한겨울이나 장마철에 방전이 되기도 한다. 그럴 때는 점프 케이블을 이용해 시동을 걸어야 한다.

　그런데 자신의 차는 가솔린차인데 주변에 도움을 받을 차는 디젤차밖에 없다면 어떻게 해야 할까? 이 질문은 '12V 배터리를 쓰는 가솔린

실내등을 켜두는 것이 가장 흔한 방전의 원인이다.

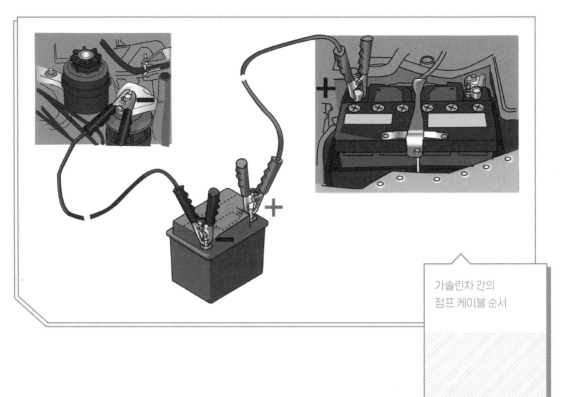

가솔린차 간의
점프 케이블 순서

차와 24V 배터리를 사용하는 디젤차 간에도 점프 케이블로 시동을 걸
수 있을까?'란 질문과 같다.

정답은 '가능은 하지만 가급적 하지 않는 것이 좋다'라고 할 수 있다.
주변에 24V 차량밖에 없다면, 24V 배터리를 분리해 12V로 만든 후 1개
씩 충전하는 방법도 있다.

070

수동변속기 차 밀어서
시동 걸기

배터리가 방전돼서 시동이 안 걸리는데 주변의 도움을 받을 수 없는 상황을 가정해보자. 자동변속기 차량이라면 자력으로 상황을 벗어날 수 없다. 그런데 수동변속기 차라면 스스로 탈출할 방법이 있다. 바로 밀어서 시동 걸기다.

☑ 밀어서 시동 거는 방법

① 시동 키를 켠 상태에서 기어를 중립에 넣는다.

② 2인이라면 1인은 운전석에 앉고, 다른 1인이 뒤에서 차를 민다.

③ 차를 밀어 탄력이 붙었다 싶으면, 클러치를 밟고 기어를 2단에 넣은 뒤 재빨리 클러치에서 발을 뗀다. 이렇게 몇 번 시도하면 십중팔구 시동이 걸린다.

④ 시동이 걸리면 공회전 상태를 유지하며 배터리가 충전되도록 기다린다.

☑ 밀어서 시동 걸 때 주의점

① 운전자 혼자뿐인 상황이라면 차를 밀다가 올라타는 방법도 있으나 하지 않는 것이 좋다.

② 시동이 걸리기 전에는 파워 스티어링이 작동하지 않아 핸들이 뻑뻑

수동변속기 차량

하므로 조작에 신경 써야 한다.

③ 적당한 내리막길이 있다면 차가 스스로 미끄러지는 힘을 이용해
시동을 걸 수 있다. 단, 핸들 조작도 쉽지 않은 만큼 매우 조심해야
한다.

071

램프류에 문제가
생겼을 때

전조등, 방향지시등, 미등(차폭등), 제동등, 후진등 등의 램프류는 야간에 시야를 확보하는 자동차의 눈이자, 상대 차에게 나의 존재를 알리는 안전장치다. 전조등이 한쪽만 켜지면 야간에 오토바이로 오인될 수 있고, 후진등이 들어오지 않으면 앞차가 급정거할 때 추돌할 수 있다. 평소 램프류의 중요성을 인식하지 못하고 점검을 게을리한 탓이다. 램프류는 매일 확인하는 습관을 들여야 한다. 차가 출발하기 전, 운전석에서 각 스위치를 작동시켜 주위 물체나 벽면에 불빛을 비춰보면 된다.

☑ 양쪽 전조등이 모두 들어오지 않을 때

갑자기 전조등 양쪽이 다 꺼졌다면 퓨즈가 끊어졌을 가능성이 크다. 만약 한쪽만 꺼졌다면 대부분은 하향등 쪽의 필라멘트가 끊어진 것이다. 이럴 경우에는 상향등을 켜면 불이 들어온다. 맞은편 차를 배려해 전조등 커버 윗부분에 테이프를 붙여서 운행하다가, 가능한 한 빨리 새것으로 교환하면 된다.

☑ 전조등이 밝아졌다 어두워졌다 할 때

엑셀 페달을 밟았다가 놓을 때나 운행 중 차의 진동에 따라 전조등 밝기가 달라진다면, 관련 배선의 접촉 불량을 의심하고 점검을 받아야 한다.

자동차에 들어가는 다양한 램프들

☑ 방향지시등이 깜빡거리지 않을 때

방향지시등이 양쪽 모두 켜지지 않는다면 해당 퓨즈가 끊어졌는지 점검한다. 퓨즈가 정상이라면 전구의 필라멘트가 끊어졌거나 배선 접촉 불량 때문이다. 방향지시등이 켜지기는 하는데 점멸하지 않는 것은 릴레이 부품의 고장 때문이다.

☑ 방향지시등의 점멸 속도가 비정상일 때

방향지시등의 앞뒤 전구 중 한 곳이 단선되면 단선된 쪽의 점멸 속도가 빨라지므로 해당 전구를 교환한다. 릴레이 작동이 불량해도 점멸 속도가 빨라질 수 있다. 반대로 점멸 속도가 느려지면 전구의 규격과 용량이 맞는지 확인하고 배터리 성능을 점검해야 한다. 요즘 수입차들은 전구의 와트 수가 맞지 않을 경우, 계기판에 경고등이 들어온다. 전구 교환 시에는 와트 수를 잘 보고 규정에 맞는지 확인해야 한다.

072
에어컨 트러블
대처법

　한여름에 갑자기 에어컨이 제대로 작동하지 않아 차 안에서 찜질을 하게 되는 경우가 있다. 새 차라면 그럴 일이 거의 없겠지만 4~5년 정도 운행한 차라면 한번은 경험해 보았을 것이다. 다음은 자동차 에어컨 문제별 대처법이다.

☑ 바람이 아예 나오지 않을 때

엔진룸 안의 팬 모터를 점검한다. 모터가 작동하지 않는다면, 퓨즈가 끊어졌거나 관련 전기 배선에 접촉 불량이 생겼을 가능성이 높다.

☑ 바람은 나오는데 시원하지 않을 때

냉매가 부족하거나 에어컨벨트가 늘어진 것이므로 점검이 필요하다. 냉매가 부족하다면 보충만 하는 데 그치지 말고 냉매가 새는 부위를 찾아 수리하는 게 중요하다. 에어컨 냉매는 반영구적인 물질이어서 새지만 않는다면 원칙적으로 보충할 필요가 없다. 냉매량 점검은 30도 이상인 더운 날 하는 것이 좋다. 냉매 순환이 원활해 정확한 점검이 가능하기 때문이다.

　라디에이터 앞에 설치된 에어컨 응축기(컨덴서)에 흙먼지나 벌레 등 이물질이 붙어 있어도 냉방 능력이 떨어진다. 이 경우 세차장의 고압 세차기나 정비업소의 압축공기를 이용해, 응축기에 붙은 이물질을 씻어주면 에어컨이 제 성능을 발휘한다.

☑ 장시간 주행 시 갑자기 찬 바람이 나오지 않을 때

고속도로에서 에어컨을 켠 채 장시간 달리다 보면 갑자기 찬바람이 안 나올 수 있다. 이는 에어컨 안에 있는 증발기가 얼어붙었기 때문이다. 이때는 에어컨을 끄고 풍량 조절 스위치를 3~4단에 놓고 5~10분 주행 후, 다시 켜면 괜찮아진다.

073

LPG 자동차에서 나는
가스 냄새

    LPG 자동차의 브레이크를 밟을 때 가스 냄새를 맡는 경우가 있다. 혹시 가스가 새지 않는지 걱정되어 누출 탐지기로 검사를 해보아도 누출 부위가 찾아지지 않는다. 이럴 경우에는 엔진 헤드 연소 문제이거나, LPG 가스 연소장치 문제로 완전 연소되지 않아 나는 냄새일 수 있다.

    또한 LPG 봄베bombe 탱크 내의 안전밸브 불량으로 LPG 가스를 밖으로 조금씩 내보내기 때문일 수도 있다. 봄베의 안전밸브는 내부 압력이 26kg/㎠ 이상으로 높아졌을 때 안전을 위해 배출되도록 만들어져 있다. 안전밸브가 노후되면 이 기준이 안 되었는 데도 가스를 밖으로 내보내게 된다.

    가스 냄새가 나면 먼저 연소 불량 부품을 점검해보고, 그래도 해결이 되지 않으면 봄베 내의 안전밸브를 교환하는 것이 좋다. LPG 연료는 공기보다 무겁기 때문에 정비 작업 시 공기가 잘 통하는 곳에서 작업해야 된다는 점도 명심하자.

074

풋 브레이크, 주차 브레이크 트러블

브레이크 고장은 사고와 직결되므로 철저한 점검이 필요하다. 브레이크 계통의 고장 원인은 브레이크액 부족, 브레이크 파이프라인의 누유 등 여러 가지가 있으나 가장 흔한 것은 패드 및 라이닝의 마모 현상이다.

☑ 풋 브레이크의 마찰음

풋 브레이크는 페달을 밟는 힘을 유압으로 바꿔 네 개의 바퀴에 전달함

디스크식 브레이크의 구성

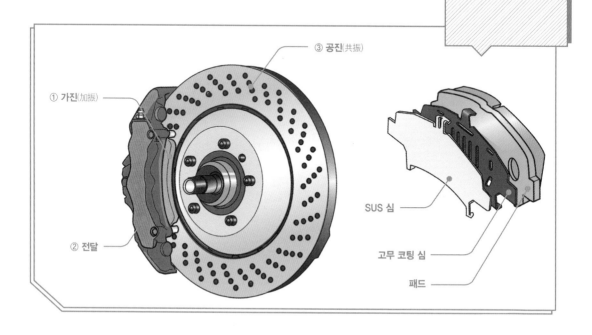

① 가진(加振)

③ 공진(共振)

② 전달

SUS 심

고무 코팅 심

패드

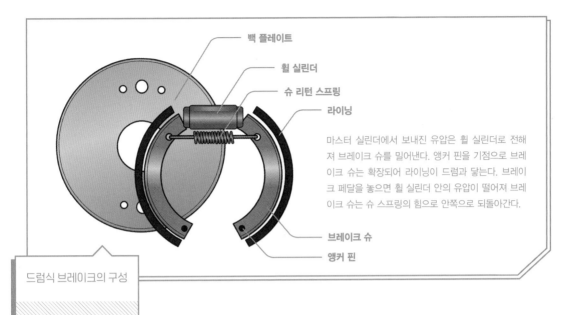

백 플레이트

휠 실린더

슈 리턴 스프링

라이닝

마스터 실린더에서 보내진 유압은 휠 실린더로 전해져 브레이크 슈를 밀어낸다. 앵커 핀을 기점으로 브레이크 슈는 확장되어 라이닝이 드럼과 닿는다. 브레이크 페달을 놓으면 휠 실린더 안의 유압이 떨어져 브레이크 슈는 슈 스프링의 힘으로 안쪽으로 되돌아간다.

브레이크 슈

앵커 핀

드럼식 브레이크의 구성

으로써, 바퀴의 회전을 멈추게 한다. 이때 브레이크액은 밀폐된 유압 경로를 따라 패드와 라이닝에 압력을 전달하는 역할을 한다.

보통 앞바퀴에 쓰이는 디스크 패드의 이상 신호는 페달을 밟을 때 나는 '끼익' 하는 금속성 마찰음이다. 패드가 지나치게 닳게 되면, 패드 한쪽 끝에 부착된 고리 모양의 얇은 철판조각(인디케이터)이 디스크와 마찰을 일으킨다. 이를 방치하면 제동거리가 길어질 뿐 아니라 인디케이터가 디스크를 손상시키고 마모 센서까지 고장 난다. 이런 경우 브레이크 디스크 전체를 교환해야 하므로 수리 비용이 만만치 않다.

☑ 주차 브레이크의 '딸깍' 소리

주차 브레이크는 보통 뒷바퀴에 케이블로 연결돼 있다. 운전석 옆의 손잡이를 당기면 차축과 함께 회전하는 원통형 드럼 안쪽에 브레이크 슈가 달라붙어 제동하는 방식이다. 주차 브레이크를 당길 때 나는 '딸깍' 소리가 6~10회 이상 나면 라이닝이 많이 닳았다고 보면 된다. 요즘 나오는 전자식 브레이크 중에는 유압으로 작동하는 방식도 있는데 풋 브레이크처럼 작동해 제동 효과가 크다.

브레이크 계통 교환 시기

① 앞 브레이크 패드

운전 습관에 따라 차이가 크지만, 앞 브레이크 패드는 30,000~40,000㎞ 주행한 뒤에 점검하고, 두께가 3㎜ 이하라면 새것으로 교환한다.

② 뒤 브레이크 라이닝

브레이크 패드 수명의 2배 정도라고 보면 된다. 브레이크 페달을 밟는 깊이가 길어졌다면 이미 교환 시기가 지났을 수도 있다. 디스크 브레이크는 패드가 마모돼도 페달을 밟는 힘과 깊이가 자동으로 조절되기 때문이다.

075
엔진에서 느껴지는
진동

　운행 중 평소와 다른 진동을 감지했다면 어딘가 이상이 생겼다는 의미다. 진동의 원인은 공회전 장치 불량, 실린더 간의 힘의 불균형, 연료장치 점화장치 불량, 엔진 마운팅 고무(미미) 변형 등 다양하다. 사고차일 경우 프레임과 엔진 고정 위치 변경 등에 의해서도 발생할 수 있다. 정확한 원인을 밝혀내기 어려운 만큼, 자신의 감각만 믿지 말고 전문가와 상의하는 게 좋다.

　엔진에서 진동이 심하게 느껴지거나 일정한 엔진 회전수에 도달하면 가속력이 갑자기 떨어지는 경우가 있다. 심하면 정지할 때 시동이 꺼지는 수도 있다. 이런 현상은 대부분 주행거리 100,000㎞를 넘어서면서부터 나타나는데, 이때는 스로틀보디를 의심해봐야 한다.

☑ 스로틀보디란

인젝션 방식의 엔진에 부착되어 공기와 연료의 흐름을 조절하는 장치다. 그런데 재순환되는 공기와 함께 연료 찌꺼기인 카본이 스로틀보디에 들어와 침전되면 공기의 흐름이 방해되어 엔진 떨림 현상이 발생한다. rpm 계기판의 바늘이 오르락내리락하는 현상도 동반된다.

☑ 스로틀보디 청소하는 법

부드러운 천을 사용해 찌꺼기를 닦아내면 된다. 단, 반드시 시동을 끈 상태에서 작업해야 한다. 시동을 켠 채 스로틀보디로 직접 분사할 경우 찌꺼기가 실린더로 들어가 배기 머플러의 촉매 장치에도 악영향을 미칠 수 있다. 작업 중 빼낸 각종 커넥터를 ECU가 고장으로 판단할 우려가 있으므로 메모리를 지원해 주어야 한다. 스로틀보디 청소는 20,000~30,000㎞ 주기로 해주는 것이 좋으나 엔진 떨림 현상이 보인다면 즉시 청소해야 한다.

엔진 진동이 느껴진다면 스로틀보디를 점검해야 한다.

076

운전자들이 잘못 알고 있는
연비 상식

국제유가가 오르면 운전자들의 한숨이 깊어진다. 그럴 때일수록 연료를 아끼는 자동차 관리 및 운전 요령이 절실하다. 그러나 적잖은 운전자들이 연비에 대해 잘못 알고 있다는 것이 문제다. 잘못된 상식으로 운전하면 연비를 아끼지도 못할 뿐 아니라 오히려 안전에 방해가 될 수 있다.

☑ 최대 토크가 나오는 엔진 회전수를 유지한다

베테랑 운전자들 사이에선 주행 중 최대 토크가 나오는 엔진 회전수를 유지하면서 기어를 변속하면 연비가 좋아진다는 정보가 공유된다. 그러나 꼭 그런 것만은 아니다. 이는 연료 소모량과 연료 소비율을 혼용한 데서 나온 것이다.

실제 승용차들의 엔진 성능 곡선을 보면 3,500rpm 전후인 최대 토크 지점에서 연료 소비율이 가장 낮은 것은 맞다. 그러나 연료 소비율은 연료의 효율를 가리키는 것이다. 최대 토크가 나오는 엔진 회전수에서는 엔진 안에 분사된 연료가 모두 연소돼 낭비가 없다는 뜻이다. 이것은 최대 토크에서 연료가 가장 적게 소모된다는 의미가 아니다.

결국 각 변속 단수마다 차의 속도를 유지할 수 있는 수준에서 가능한 한 낮은 엔진 회전수를 쓰는 것이 연료 절감의 포인트다.

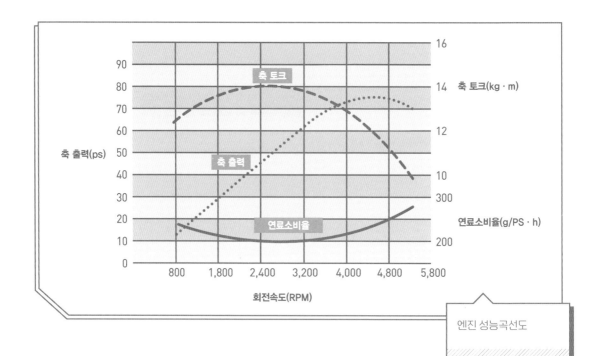

축 출력(ps)

회전속도(RPM)

엔진 성능곡선도

☑ 내리막길에서는 중립 기어를 넣고 관성으로 달린다

연비 절감을 위해 정속주행과 관성운전을 해야 된다는 것은 상식이다. 정속주행은 논란의 여지가 없는 이상적 운전 요령이다. 그러나 중립 기어 상태의 관성운전에 대해선 부정적인 의견이 많다.

관성운전이란 내리막길 등에서 가속 페달을 밟지 않고 일정한 거리를 달리는 운전법을 말한다. 그런데 연비를 위해 내리막길에서 기어를 중립에 놓는 운전자들이 있다. 결론적으로 이는 그리 권장할 만한 방법이 아니다.

☑ 에어컨을 끄고 창문 열고 주행한다

이 방법 역시 크게 연료 절감이 되지 않는다. 고속으로 운행하는 차가 창문을 열 경우, 외부 공기가 실내로 유입됨에 따라 공기저항을 받게 된다. 특히 무게가 가벼운 경차나 소형차의 경우는 더 그렇다. 고속 주행 시, 창문을 닫은 상태로 에어컨을 1단에 놓고 운행하는 것이 창문을 연

채 달리는 것보다 연비 측면에서 유리하다.

☑ 히터를 틀면 엔진 출력이 약해진다

히터를 틀면 연비가 나빠진다고 생각하는 운전자들도 있다. 아마도 에어컨 때문에 생긴 오해일 것이다. 에어컨을 가동하면, 에어컨 컴프레셔(냉매가스를 압축하는 장치로 엔진 축과 벨트로 연결되어 있다)가 작동하면서 엔진 출력 중 2~3마력 정도를 빼앗아간다. 엔진 출력이 약해지는 셈이다. 운전자는 평소보다 더 깊게 가속 페달을 밟아야 되고 결국 더 많은 연료를 소비하게 된다.

하지만 히터는 전적으로 엔진의 열을 이용한다. 엔진의 열을 실내로 불어넣기 위해 모터만 돌려주면 된다. 모터의 작동으로 발전기에 더해지는 전류가 엔진 출력에 영향을 미칠 수도 있겠으나 매우 미미한 정도다. 히터와 연비는 연결시키지 않아도 된다.

⚡ 박병일 명장의 자동차 TIP ⚡

주행 중에 기어를 뺐을 때 일어나는 일

고속으로 달리다가 기어를 빼면(중립 기어를 넣으면), 순간적으로 연료 차단 현상이 발생하면서 엔진 회전수가 급격히 떨어진다. 그러나 엔진이 아이들링(공전) 상태에 이르면, ECU는 엔진 꺼짐을 막기 위해 연료 공급을 재개한다. 즉 연료 공급이 차단되고 아이들링 상태에 이르러 연료가 다시 공급되기까지 걸리는 시간은 극히 짧다. 연료 절감 효과가 미미하다는 의미다.
물론 기어를 뺀 채 주행하면, 공회전 상태로 일정 거리를 유지할 수 있으나 떨어진 속도를 다시 올리기 위해서 가속 페달을 밟으면 이 효과도 거의 상쇄된다. 오히려 엔진과 바퀴 사이의 동력을 끊음으로써 타이어 접지력이 약해져 비상시 제동 성능이 떨어질 수 있다.

077

연료 도둑
찾기

연비가 안 좋은 차의 특징은 무엇일까? 엔진 점화 시기를 비롯해 연료 계통, 점화플러그, 밸브 간극, 타이어 공기압 등이 전반적으로 불량한 차는 많게는 30% 정도 연료를 더 먹는다. 연료 소모에 영향을 미치는 부품을 최적의 상태로 유지함으로써 연비도 향상시키고 고장도 예방할 수 있는 방법을 소개한다.

☑ 엔진 점화 시기

실린더 내 피스톤이 상사점(맨 위)의 5도 전에 점화되어야 연소실의 혼합기가 완전 연소되고 최대의 파워가 나온다. 그러나 대부분의 운전자들은 엔진 점화 시기가 규정보다 5~10도 정도 늦어도 이상을 느끼지 못한다. 이 경우 엔진 출력이 떨어지고 운전자는 가속 페달을 더 밟게 돼 연료가 7~8% 추가로 소모된다.

☑ 점화플러그

엔진 점화 시기가 정상이어도 플러그에 카본이 쌓였거나 중심 전극이 마모되면 불꽃이 약해진다. 연소실에서 혼합기가 완전연소되지 않아 연료가 낭비되는 것이다. 점화플러그가 불량이면 고속 주행 시 연료가 5% 가량 더 소모된다.

연료 부족 경고등이 켜진
모습

☑ 밸브 간극 *valve clearance*

밸브의 간극이란 스템 엔드와 로커암 사이의 작은 틈을 말하는 것으로,
밸브 기구의 열 팽창을 감안해 만들어진 것이다. 요즘의 중형급 이상 승
용차는 대부분 유압식 자동 밸브 조정장치(오토래쉬)를 장착해 밸브 간극
이 어긋날 일이 없다. 하지만 구형 차는 20,000㎞마다 조정해 주는 것이
좋다. 밸브 간극이 어긋나면 3~4%의 연료가 낭비된다.

☑ 연료필터

전자제어 연료분사 장치는 컴퓨터가 연료 분사량을 결정하므로 연비에
미치는 영향이 적은 편이다. 그러나 연료필터를 제때 바꾸지 않으면 인
젝터에 걸리는 압력이 낮아져 충분한 연료를 분사하지 못하므로 오히려
손해다. 컴퓨터는 연료 분사 시간을 늘릴 테니 결국 연료가 낭비된다.
연료필터는 30,000~40,000㎞마다 교환해 주는 것이 좋다.

☑ 엔진오일

엔진오일은 정기적 교환도 중요하지만 과다 주입해서도 안 된다. 규정

량보다 많으면 엔진 내 마찰 손실이 생겨 고속 주행 시 출력이 떨어지기 때문이다. 오일 게이지로 체크했을 때 오일량이 최대치를 넘으면 1~2% 연료 손실을 가져온다.

☑ 배터리

성능이 떨어진 배터리를 사용하면 컴퓨터가 인젝터 분사 시간을 늘려 1~2% 가량의 연료가 낭비된다. 배터리 성능이 약해지기 전에 배터리액을 보충하거나 교환해야 한다.

⚡ 박병일 명장의 **자동차 TIP** ⚡

1등급과 5등급 타이어의 연비 차이는 리터당 1.6km

타이어를 별것 아니게 생각하는 경향이 있지만 어떤 타이어를 쓰느냐에 따라 연비와 이산화탄소 배출량을 크게 줄일 수 있다. 한국타이어에 따르면, 1등급 타이어와 5등급 타이어의 연비 차이는 리터당 1.6㎞라고 한다. 예를 들어, 연료탱크가 50L인 자동차에 연비 1등급 타이어를 끼우면 주행거리가 80㎞ 늘어난다는 의미다. 연간 30,000㎞를 주행한다고 했을 때 약 30만 원의 유류비를 절약할 수 있다. 게다가 이산화탄소 배출량은 약 324㎏ 절감된다.

공기압을 적정 수준으로 맞추는 것도 연비에 결정적 영향을 미친다. 공기압이 부족하면 연비가 하락할 뿐만 아니라 타이어 변형도 쉽게 올 수 있다. 넥센타이어의 자료에 따르면, 공기압만 잘 맞춰도 기름값을 7~13% 아낄 수 있다.

타이어 에너지 소비효율 등급 표시

☑ 타이어 공기압

타이어 공기압이 10% 부족하면 연료를 5~10% 더 먹고 타이어 수명도 짧아진다. 공기압이 20% 이상 부족한 채로 시속 130㎞ 이상으로 운행하면 타이어가 파열돼 대형사고를 초래할 수도 있다. 연료 절약 면에서, 광폭 타이어는 일반 타이어보다 불리하다.

078

연비를 나빠지게 하는
5가지 부품

새 차일 때에는 연비가 좋았는데 2~3년 지나니 눈에 띄게 연비가 나빠졌다는 얘기들을 많이 들었을 것이다. 이는 연료 계통의 부품들이 노화되기 때문이다. 연비가 악화되는 원인은 5가지 정도로 정리된다.

첫째는 인젝터 불량, 둘째는 산소센서 불량, 셋째는 점화플러그 불량, 넷째는 유압밸브 불량, 다섯째는 타이어 불량이다.

☑ 인젝터 불량 해결법

연비와 인젝터는 불가분의 관계에 있다. 연료를 분사해주는 인젝터 구멍이 커지거나, 인젝터에 불균형이 생겨 분사 각도가 달라져도 연비가 나빠지고, 인젝터를 제어하는 센서 고장으로 연료 분사량이 많아져도 연료 소모가 많아진다.

이럴 때는 고장 원인을 찾아 수리하거나 인젝터를 교환해야 한다. 제일 좋은 방법은 약 40,000㎞마다 연료필터를 교환해주는 것이다. 그러

볼보 디젤엔진 인젝터

면 연비는 물론 차량 출력도 좋아지고 수리비도 적게 들어 경제적이다.

☑ 연비와 관련된 부품 교환주기

인젝터 교환 주기는 60,000~80,000㎞, 산소센서는 100,000㎞미터이다. 앞에서 밝혔듯이 일반 플러그는 20,000㎞마다, 백금 플러그는 100,000㎞마다 교환하면 된다. 밸브 간극을 조절해 주는 유압밸브 또한 100,000㎞가 교환주기다.

⚡ 박병일 명장의 **자동차 TIP** ⚡

시동 걸 때 '딱딱딱' 하는 쇳소리

아침에 시동을 걸면 5분 정도 '딱딱딱' 하는 쇳소리가 나다가 잠시 후 멈춘다면 유압밸브(오토래쉬) 불량을 의심해 봐야 한다. 이런 경우엔 교환 주기와 상관없이 수리를 받아야 연비는 물론 출력이 좋아지고 배기가스도 줄일 수 있다.

079

타이어 점검이 곧
연비 향상

타이어 마모 상태를 보면 자동차의 건강 상태를 알 수 있는 만큼, 타이어 점검을 절대 소홀히 해서는 안 된다. 타이어가 안쪽, 혹은 바깥쪽으로 편마모되는 원인은 무엇일까? 조향장치나 현가장치 부품 마모로 인해 부품들이 변형을 일으키고, 결국 차량의 무게중심이 흐트러져 생긴다고 봐야 한다. 타이어의 정상 공기압을 유지하고 정상 마모가 생기도록 하는 것만으로도 연비를 5~10% 줄일 수 있다.

☑ 타이어 편마모를 예방하는 방법

① 타이어 공기압이 규정에 맞는지 자주 확인한다.

휠 얼라인먼트 점검

② 현가장치 부품의 고정 볼트를 20,000㎞마다 조여주고, 변형된 것이 있으면 휠 얼라인먼트를 조정한다.

③ 전륜·후륜 차들은 30,000㎞마다 타이어 위치를 교환한다.

☑ 일정 속도에서 핸들이 좌우로 떨리는 이유

두 가지 원인이 있을 수 있다. 우선 앞쪽 타이어 밸런스가 안 맞는 경우로, 타이어 밸런스 조정을 통해 간단히 해결된다. 그게 아니라면 브레이크 허브베어링 마모로 인한 진동일 가능성이 있다. 이때는 브레이크 베어링을 교환하면 된다.

080

LPG 자동차의 연비

가솔린 자동차, 디젤 자동차, LPG 자동차를 연비 순으로 나열하면 디젤, 가솔린, LPG 자동차 순이다. 1리터의 연료로 디젤차는 약 13~15㎞를 운행할 수 있고, 가솔린차는 10~13㎞, LPG차는 7~8㎞를 운행할 수 있다. LPG가 디젤이나 가솔린에 비해 청정 연료인 것은 맞지만, LPG차를 제대로 관리하지 못하면 연비에서 불리한 것은 물론 배기가스까지 많이 배출할 수 있다.

☑ LPG 자동차 관리 방법
① 일반 점화플러그는 20,000㎞마다 교환한다.

② 믹서기, 벤추리, 스로틀 밸브 카본은 50,000㎞마다 닦아준다.

③ 에어클리너는 5,000㎞마다 교환한다.

④ 인젝터, 산소센서는 100,000㎞마다 교환한다.

⑤ 150,000㎞마다 유압밸브(오토래쉬)의 에어를 빼주거나 밸브를 교환한다.

자동차 정비의 기초

081

자동차 정비업소 이용
9원칙

　운전자들은 차량 수리 시 정비 요금이 적절한지 아닌지를 판단하기 어렵다. 의심이 가더라도 울며 겨자 먹기로 청구서를 받아들일 수밖에 없다. 다음과 같은 정비업소 선택 기준 9가지를 참조한다면 피해를 최소화할 수 있다.

① 한 장소에서 오래 영업하는 정비업소를 선택한다.
② 단골고객이 많은 정비업소를 선택한다.
③ 주인이 직접 하는 정비업소가 정확하고 꼼꼼하다.
④ 정비사가 국가자격증을 가지고 있는지 확인한다.
⑤ 관할 시·군·구청에 등록된 업소인지 확인한다.
⑥ 요금이 20만 원 이상이라면 두 군데 이상 비교 견적을 받는다.
⑦ 정비업소에서도 30~90일간 무상 보증 수리가 가능하다.
⑧ 영수증을 꼭 보관하고, 부품 교환 시 교환 부품을 확인한다.
⑨ 차 수리 시 사진이나 영상 자료를 남긴다.

082

자동차 고장 징후 11가지

자동차에 대한 전문 정비 지식이 없더라도 내 차에 문제가 생겼다는 것을 누구나 알 수 있다. 자동차는 고장이 나기 전 사전 징후를 보여주기 때문이다. 이를 무시하고 운전하면 큰 병을 피할 수 없다. 요즘 자동차는 계기판이 잘 구성되어 있어 경고등만 잘 살펴봐도 고장 징후를 파악할 수 있다.

① 초기 시동, 급가속 시의 '삑삑' 소음

발전기와 연결된 벨트가 끊어지려는 징후다. 손상을 입은 벨트가 느슨해지면서 헛돌 때 나는 소음이다. 이때 물을 뿌려서 소리가 나지 않는다면 바로 교체해야 한다.

② 전구 불빛이 어두워질 때

발전기 자체가 고장 나기 전에 흔히 일어나는 현상이다. 발전기가 완전히 기능을 멈추기 직전엔 불빛이 깜빡거리기도 한다.

③ 주행 중 저음의 진동성 소음

차량의 속도와 비례해 차체가 울리고 귀가 멍해지는 소음이 난다면 허브 베어링 손상을 의심해봐야 한다. 만약 허브 베어링에 이상이 없다면 타이어를 점검하자. 타이어가 마모되어도 같은 소음이 나기 때문이다.

④ 클러치 페달이 무거울 때

클러치를 밟는 느낌이 무거워졌다면 클러치 디스크 마모가 의심된다. 디스크가 완전히 닳아 버릴 경우, 경정비로는 해결이 안 되므로 빨리 교환해줘야 한다.

⑤ 타이어가 편마모되었을 때

바퀴 정렬이 흐트러졌다는 뜻이므로 휠 얼라인먼트를 점검해야 한다. 방치하면 고속주행 시 위험할 뿐 아니라, 여기서 발생한 진동과 뒤틀림은 트랜스미션 계통 전체에 악영향을 미친다.

⑥ 핸들의 떨림

휠 밸런스에 이상이 생겼다는 신호다. 휠 밸런스는 모자라는 무게만큼 납 덩이 등을 부착해 비교적 간단히 교정할 수 있다.

⑦ 코너링 시의 떨림

변속기의 동력을 바퀴에 전달하는 조인트 베어링이 손상되었을 가능성이 크다. 보통 핸들을 꺾을 때 '따다다닥' 하는 소음이 들리고 소음은 속도에 비례해 커진다.

⑧ 배기구에서 나는 흰색 연기

엔진오일이 실린더 안으로 들어가 연소되면 흰 연기가 난다. 정비공장에서 실린더의 압축 압력 변화나 밸브 가이드 패킹 마모를 확인해야 한다. 방치하면 엔진오일 부족으로 엔진에 큰 손상을 입게 된다.

⑨ 가속 시 움찔하는 현상

가속 페달을 밟으면 바로 속도가 나야 하는데 살짝 머뭇거리는 증상은 이른바 엔진 부조 현상이다. 전기적 고장으로 인해 점화플러그 중 몇 개가 작동하지 않거나 플러그 전극에 탄소 등 때가 끼어 스파크가 제대로 일어나지 않을 때 생긴다.

⑩ 브레이크 밟을 때의 금속성 소음

브레이크 패드가 닳아 사용 한계(2㎜ 정도)에 도달했음을 알려 주는 경고성 소음이다. 이는 철판이 울려서 나는 소리인데, 좀 더 지나면 긁히는 소리가 난다. 긁히는 소리까지 나면 브레이크 디스크가 손상을 입고 있다는 뜻이다.

⑪ 주행 중 정지 시 차체 떨림

변속 레버가 D인 상태에서 브레이크를 밟고 정지했을 때 평소보다 큰 떨림이 감지된다면, 속칭 '미미'로 불리는 엔진 마운트 고무의 탄성이 저하됐거나 절손된 것이다. 방치하면 진동에 의해 엔진실 각 부품이 헐거워져 고장의 원인이 된다.

083

자동차 엔진오일의
모든 것

　엔진오일 점검·교환은 자동차 정비의 기본이다. 그럼에도 적정 교환주기에 대해서는 의견이 분분하다. 자동차회사의 취급설명서가 권장하는 기준도 애매하긴 마찬가지다. 매 10,000㎞를 교환주기로 권장하면서, 가혹한 운행조건에서는 5,000㎞라는 단서 조항을 달아 놓았기 때문이다.

☑ 오래된 차일수록 자주 갈아야
교통체증, 잦은 공회전, 장시간 고속주행 등을 가혹한 운행 조건이라고 본다면 우리나라 대부분의 자동차에 해당된다. 그러니 자동차 메이커가 권하는 기준의 중간선인 6,000~7,000㎞ 정도를 적정 교환주기로 보면 된다. 요즘 차는 성능과 품질이 좋아져 예전처럼 5,000㎞마다 엔진오일을 교환할 필요는 없지만, 확실한 것 하나는 오래된 차일수록 자주 갈아줘야 한다는 것이다.

☑ 엔진오일과 함께 교체해야 하는 것
정비업소에서 보통 엔진오일과 함께 오일필터, 에어클리너를 함께 교환하라는 권유를 받을 것이다. 엔진오일 불순물을 걸러주는 오일필터는 엔진오일과 함께 교환하는 것이 효과적이다. 그러나 에어클리너는 압축

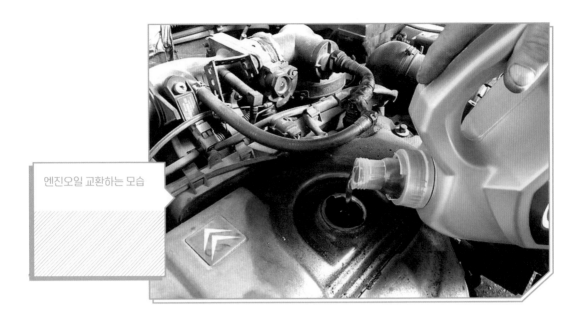

엔진오일 교환하는 모습

공기를 안에서 밖으로 불어내 간단히 청소할 수 있으므로, 2회 이상 사용해도 차 성능에 별 지장을 주지 않아 상황에 맞춰 교환하면 된다.

☑ 엔진오일이 부족할 경우, 과할 경우

엔진오일이 부족하면 피스톤 링과 실린더 벽, 축, 베어링이 과열되어 주행 중에 엔진이 정지되는 위험한 경우가 발생한다. 그런데 운전자들이 모르는 것이 있다. 엔진오일이 너무 많아도 탈이라는 점이다. 엔진오일이 과하면 연소실로 유입되어 불완전 연소를 일으킬 수 있어 결과적으로 연비와 출력 저하를 유발한다.

☑ 엔진오일 셀프 교환 시 주의점

요즘 운전자가 손수 엔진오일을 교환하는 경우도 있는데, 폐 오일은 적법하게 처리하기 어렵고 비용 절감 효과도 미미하므로 정비업소에 의뢰하는 것을 권한다. 폐 오일 무단 투기 시, 법적 책임을 져야 하므로 주의하자.

☑ 엔진오일 점검 방법

엔진오일은 정상적 상황에서도 조금씩 감소한다. 따라서, 한 달에 한두 번 오일 양을 점검해 부족하면 보충해줘야 한다.

① 시동을 끈다.

반드시 지면이 평평한 곳에 주차한 후 시동을 끈다.

② 3~5분 기다린다.

주행 직후라면, 엔진 각 부위에 공급된 오일이 팬으로 돌아올 때까지 기다려야 한다.

③ 오일 레벨 게이지를 확인한다.

게이지에 묻어 있는 오일 흔적이 최대(MAX)와 최소(MIN) 눈금 사이에 있으면 정상이다. 가능하면 최대(MAX)에 가깝게 유지하는 것이 좋다.

④ 오일 점도를 확인한다.

엄지와 검지로 오일을 묻혀서 손가락을 맞댄 후 뗄 때 끈적한 느낌이 있

엔진오일 점검하는 법

게이지를 빼서 묻은 오일을 닦는다.

다시 게이지를 넣었다 뺀다.

오일 레벨을 확인한다.

는지 확인한다.

☑ 엔진오일 색깔로 고장 원인 체크하기

엔진오일은 원래의 투명한 황금색에 가까울수록 양호하다. 만약 변색되었다면 색깔에 따라 문제의 원인이 다르니 세심히 살펴봐야 한다.

① **붉은색을 띨 경우**: 유연 가솔린이 유입되었다.
② **검정색을 띨 경우**: 불순물로 심하게 오염되었다.
③ **우유색을 띨 경우**: 냉각수가 유입되었다.
④ **노란색을 띨 경우**: 무연 가솔린이 유입되었다.

☑ 엔진오일에 배합되는 첨가제들

종류	특징	대표 화합물
산화 방지제	윤활유의 노화와 변질을 막아 장기간 안정적인 성능을 유지시키고, 부식성 물질 생성을 억제해 금속 이온의 산화 작용을 방지한다.	연쇄 정지제 과산화물 분해제 금속 불활성제
청정 분산제	고온의 피스톤에서 생성된 검댕이나 슬러지를 오일 속으로 분산시켜, 피스톤이나 엔진의 청정도를 유지시킨다.	석탄산염 슬폰산염
점도지수 향상제	온도 변화에 따른 오일 점도 변화를 최소화해, 점도지수를 개선한다.	폴리메티크릴레이트 올레핀 공중합체
유동점 강하제	오일 속에 왁스와 결정을 만들어 유동점을 낮춘다.	폴리메타크릴레이트
극압제	금속 표면에 흡착막을 만들어 접촉면(기어, 밸브 부분)의 마찰이나 소부(고착)를 예방한다.	디티오인산아연 알킬설피드
방청제	금속 표면에 흡착막을 만들어 산소나 물을 차단함으로써 엔진 내부의 녹을 예방한다.	슬폰산염 카복실산
소포제	격렬한 교반에 의해 발생한 오일 팬의 오일 표면 기포를 표면 장력 변화를 통해 제거한다.	디메틸폴리실록산 폴리아크릴산염
마찰 조정제	금속 표면에 보호막을 만들어 엔진 내부의 마찰을 줄임으로써 연비를 향상시킨다.	장쇄지방족에스테르 유기몰리브덴화합물

084

에어클리너와 엔진 출력의
관계

에어클리너는 엔진의 흡기 계통으로 들어오는 공기에 포함된 모래나 먼지 등 불순물을 여과해 주는 장치로, 내부에 에어필터가 들어 있다. 에어클리너와 에어필터란 용어가 혼용되기도 한다. 불순물이 포함된 공기가 실린더에 들어가면 불완전연소가 되어 카본(그을음)이 발생하고, 그

엔진으로 들어가는 공기를 걸러주는 에어클리너

것이 연소실 및 피스톤 링에 달라붙게 되므로 엔진 성능이 저하된다.

또 에어클리너 오염이 심하면 실린더에 흡입되는 공기량이 부족해 불완전연소가 이루어진다. 이럴 때 엔진 출력 저하는 물론 배기가스에 유해 성분이 많이 배출되게 된다. 에어클리너는 2,000㎞마다 점검해 교환하는 것이 좋다.

☑ 에어클리너 필터 점검 및 청소

엔진을 켠 상태에서 에어클리너 필터를 빼냈을 때, 엔진 회전수에 큰 변화가 생긴다면 공기 흐름이 막혔다고 생각해야 한다. 에어클리너가 없는 상태에서는 엔진에 무리가 갈 수 있으므로 단시간에 점검하고 에어클리너를 조립해야 한다. 청소하는 방법은 우선 에어클리너 커버를 열고 에어클리너 필터를 빼내, 압축공기로 안쪽에서 바깥쪽으로 불어낸다. 소형 진공청소기로 빨아들여도 어느 정도는 청소가 된다.

085

자동변속기 오일의
모든 것

요즘 자동차의 약 90%는 자동변속기 차량이다. 자동변속기는 워낙 편하다 보니 오히려 관리 방법을 잘 모르는 운전자들이 많다. 자동변속기의 첫 번째 관리 방법은 변속기 오일 교환 시기를 잘 지키는 것이다.

☑ 자동변속기 오일의 역할

수동변속기 오일에 비해, 자동변속기 오일은 훨씬 많은 역할을 한다. 윤활작용, 냉각작용은 물론 미세하고 복잡한 유압회로의 유압 제어를 통한 동력 전달 기능까지 함으로써 자동변속기 성능에 큰 영향을 미친다. 자동변속기 오일 양이 너무 많거나 적으면 주행 성능이 떨어지고 변속기 고장의 원인이 된다. 자동변속기는 매우 고가의 부품이므로 정기적 점검이 필요하다.

☑ 자동변속기 오일 교환 주기

자동변속기 오일 교환 시기는 대개 40,000~70,000㎞이고 차종마다 다르다. 자동변속기 작동 시 내부 온도에 따라 교환 시기가 달라지기 때문이다. 예를 들어 40,000㎞마다 교환하는 차량이라면 내부 온도가 115℃까지 올라간다는 뜻이다.

만약 메이커에서 변속기 오일 무교환 차량이라고 했다면, 변속기 오일 온도가 80~90℃밖에 올라가지 않는다는 의미로 이해하면 된다. 당연히 교환 시기가 길고 자동변속기가 고장 날 확률도 적다.

최근엔 변속기 성능과 오일 품질이 좋아져 차종에 따라서는 100,000㎞를 권하기도 한다. 하지만 이는 메이커 기준일 뿐이다. 자동변속기를 고장 없이 오래 사용하고 싶다면 무교환 차량이라 하더라도 60,000~70,000 ㎞에 교환하는 것이 좋다.

자동변속기 오일은 순정 부품을 선택해야 한다.

만약 운행 시 슬립이나 충격이 생긴다면, 오일 교환을 먼저 해보고 그래도 해결되지 않으면 보디 문제로 인한 것이니 오버홀(분해 수리)하거나 교환해야 한다.

☑ 자동변속기 오일 점검

자동변속기 오일 레벨 게이지는 엔진룸 아래쪽에 있다. 시동을 끈 후에 점검해야 하는 엔진오일과 달리, 자동변속기 오일은 공회전 상태에서 점검한다. 레벨 게이지를 보는 방법은 엔진오일과 거의 비슷하다.

① 주차 브레이크를 걸고 공회전 상태를 유지한다.

공회전 상태, 즉 P나 N렌지에서 측정하면 된다. 대부분의 차가 P렌지에서 측정하도록 되어 있지만 가끔 N렌지에서 측정하는 차도 있으니 주의하자. 공회전 상태에서 엔진 회전을 1,000~1,500rpm으로 약 1분간 유지한다.

② 변속 레버를 이동한다.

변속 레버를 약 2회 각 단수(P-R-N-D-D2-D1)로 고루 이동하고, 중립 위치에 놓는다.

③ 엔진룸 아래 있는 오일 레벨 게이지를 꺼낸다.

레벨 게이지의 봉 끝을 닦고 원위치시켜 막대의 어디까지 오일이 묻어 있는지 확인한다. 자동변속기 오일 레벨 게이지에는 HOT과 COLD의 두 가지 눈금이 있다. 주행 후면 HOT을, 주행 전이면 COLD의 눈금을

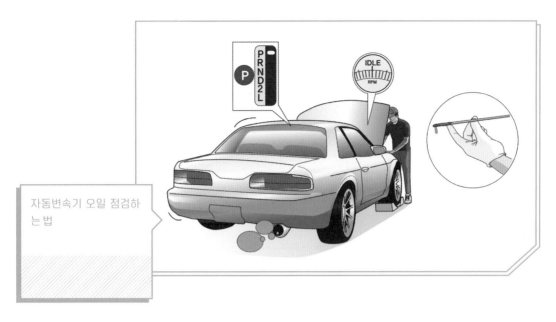

자동변속기 오일 점검하
는 법

보면 된다.

④ 오일 양이 부족하면 보충하고, 많으면 빼낸다.

⑤ 오일 색깔을 확인한다.

오일 색깔이 연분홍이면 정상이다. 만약 짙은 밤색을 띄거나 타는 냄새
가 난다면 교환해야 한다.

⚡ 박병일 명장의 **자동차 TIP** ⚡

수동변속기 오일 점검법

수동변속기 오일의 주 기능은 내부 윤활 작용이므로 사실상 특별한 점검이 필요
치 않다. 최초 10,000㎞ 주행 시 교환한 뒤, 통상 매 40,000km 주행 때마다 갈아
주기만 하면 된다. 요즘에는 차종에 따라 관리 방법이 다르므로, 자동차 메이커의
취급설명서를 숙지해두자.

086

기타 오일류
점검 방법

엔진오일과 변속기 오일은 자주 점검하면서 브레이크 오일이나 차동 기어 오일, 파워스티어링 오일에는 소홀한 경우가 많다. 심지어 존재 자체를 모르는 경우도 있다. 모두 중요한 역할을 하는 오일이니만큼 평소 관심과 점검은 필수다.

☑ 브레이크 오일(브레이크액)

적잖은 운전자들이 브레이크액의 양을 체크해 'MIN(최소선)' 이하면 보충하는데, 이는 분명 잘못된 행동이다. 자칫 작은 고장을 놓쳐 큰 고장이

자동차에 들어가는 다양한 오일류

MAX, MIN 표시가 되어
있는 브레이크 오일 탱크

나 사고로 이어질 수 있기 때문이다.

풋 브레이크는 페달을 밟는 힘을 유압으로 바꿔 타이어 안쪽의 휠에 전달함으로써 차를 멈추게 한다. 브레이크액은 이 밀폐된 유압 경로 안에서 움직이므로 제동 시 소모되지 않는다. 다만, 패드와 라이닝이 마모돼 없어진 만큼 액량이 줄어든다. 이 경우, 패드를 새것으로 교환하면 액량은 정상으로 돌아온다. 제대로 확인하지 않고, 액을 보충한 뒤 패드를 교환하면 브레이크액이 넘치게 되는 것이다.

따라서 패드와 라이닝이 정상인데도 브레이크액이 갑자기 줄었다면, 브레이크 계통에 문제가 생겨 누유가 발생한 것이므로 정비업소를 찾아야 한다. 브레이크액은 오래 사용하면 수분이 생기므로, 40,000~50,000㎞ 주행 시, 혹은 2년에 1회 교환해주면 된다.

☑ 파워스티어링 오일

파워스티어링은 오일의 유압에 의해 작동된다. 따라서, 오일이 새서 부족해지면 스티어링 휠(핸들)을 돌리는 데 힘이 들고 심하면 오일펌프가 손상되므로 주기적인 점검이 필요하다. 엔진룸에 있는 파워스티어링 오일 보조탱크를 확인해 오일이 상한선과 하한선 사이에 있으면 정상이다. 만약 오일이 부족하면 일단 보충을 하되, 오일이 새는 부위가 없는

파워스티어링 오일 게이지는 캡과 일체형으로 되어 있다.

지 점검해야 한다. 장시간 주차 후에는 지면에 오일이 떨어진 흔적이 있는지 확인하는 습관을 들이자.

☑ 차동기어 오일

차량이 회전할 때 좌우 바퀴의 회전 수에 차이가 발생하므로 유연한 코너링을 위해서는 모든 자동차에 차동기어가 필요하다. 다른 오일과 마찬가지로, 차동기어 오일이 부족하면 마찰이 일어나 소음이 발생한다. 특히 전륜구동 차량은 자동변속기 오일이 차동기어 오일의 역할까지 하므로, 소음이 심하고 트러블이 발생하기 쉽다. 후륜구동 차량의 경우 차동기어 오일의 점도가 높아 고장과 소음이 적은 편이지만 그래도 교환은 반드시 필요하다.

꼭 알아야 할
쇽업소버 상식

아무리 좋은 차라도 울퉁불퉁한 길을 빠른 속도로 달리기는 어렵다. 노면과의 접촉에서 발생하는 진동이 차량에 그대로 전달되어 탑승자가 심한 불편을 느끼고 조향 능력도 떨어지기 때문이다. 주행 중 발생하는 충격을 완화하기 위해 만들어진 것이 바로 서스펜션(현가장치)이다.

서스펜션은 스프링, 쇽업소버shock absorber, 스태빌라이저 등으로 구성되는데, 그중에서도 가장 중요한 부품이 바로 쇽업소버이다('댐버' 혹은 '쇼바'라고도 한다). 기본적으로 쇽업소버는 스프링의 원리에 기반해 작동한다. 스프링이 수축할 때 쇽업소버는 펴지게 하고, 스프링이 반발할 때 쇽업소버는 움츠러들게 함으로써 충격을 흡수하는 것이다.

차량 운행 시엔 수만 번의 진동이 생기고 그때 발생하는 마찰열로 인해 쇽업소버의 기능이 저하된다. 쇽업소버를 소모품으로 생각해야 하는 이유다. 쇽업소버 내부에 있는 특수한 성분의 유압오일 역시 마찰열로 인해 변질되고 점점 기능을 상실한다.

☑ 쇽업소버가 손상되면 나타나는 현상 6가지

① 바퀴와 노면 사이의 접지력 감소로 코너링 시 심하게 흔들리거나 쏠린다.
② 타이어가 10~15% 정도 빨리 마모된다.

CHAPTER 06 | 자동차 정비의 기초

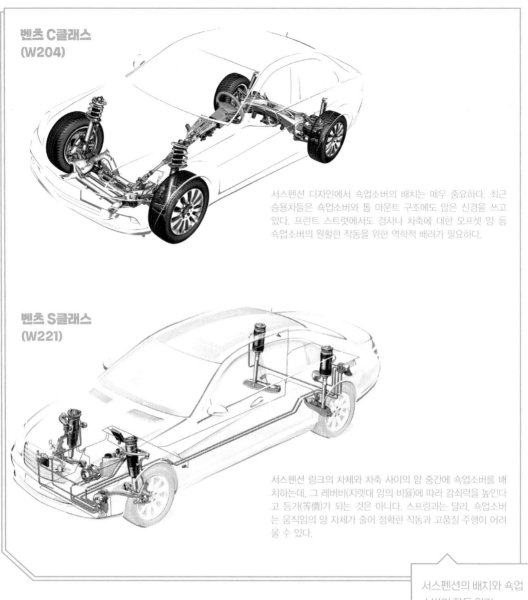

벤츠 C클래스 (W204)

서스펜션 디자인에서 쇽업소버의 배치는 매우 중요하다. 최근 승용차들은 쇽업소버와 톱 마운트 구조에도 많은 신경을 쓰고 있다. 프런트 스트럿에서도 경사나 차축에 대한 오프셋 양 등 쇽업소버의 원활한 작동을 위한 역학적 배려가 필요하다.

벤츠 S클래스 (W221)

서스펜션 링크의 차체와 차축 사이의 암 중간에 쇽업소버를 배치하는데, 그 레버비(지렛대 암의 비율)에 따라 감쇠력을 높인다고 등가(等價)가 되는 것은 아니다. 스프링과는 달리, 쇽업소버는 움직임의 양 자체가 줄어 정확한 작동과 고품질 주행이 어려울 수 있다.

서스펜션의 배치와 쇽업소버의 작동 원리

③ 조향 능력이 저하된다. 특히 대형차의 경우, 해풍이 심한 해안도로에서 심하게 흔들리는 롤링Rolling 현상이 생긴다.

④ 차량의 떨림 현상으로 맞은편 차의 전조등이 춤을 추는 착시 현상이 생긴다.

⑤ 진동으로 발생하는 충격으로 조정 핸들, 완충장치, 링크장치 등이 휘

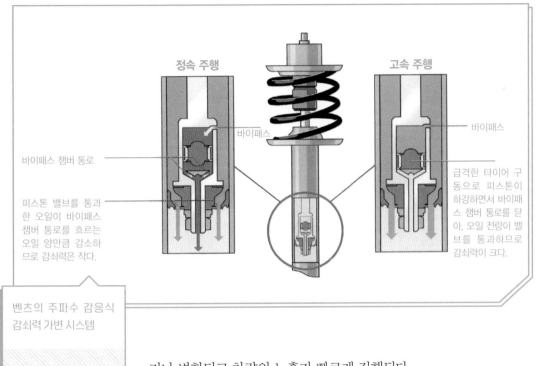

정속 주행 / 고속 주행

바이패스

바이패스 챔버 통로

피스톤 밸브를 통과한 오일이 바이패스 챔버 통로를 흐르는 오일 양만큼 감소하므로 감쇠력은 작다.

급격한 타이어 구동으로 피스톤이 하강하면서 바이패스 챔버 통로를 닫아, 오일 전량이 밸브를 통과하므로 감쇠력이 크다.

벤츠의 주파수 감응식 감쇠력 가변 시스템

거나 변형되고 차량의 노후가 빠르게 진행된다.

⑥ 제동거리가 급격히 길어진다. 급제동 시 앞으로 쏠린 무게중심으로 인해 차체의 뒤가 들리는 현상이 나타난다. 쇽업소버 이상은 뒷바퀴와 지면의 접지력을 저하시키기 때문이다.

☑ 쇽업소버 점검이 필요할 때

통상적으로 쇽업소버는 100,000㎞까지 보증된다. 오일 변질에 따른 성능 저하가 심하지 않다면 300,000㎞까지 교환 없이 사용해도 큰 무리는 없다. 다만 다음과 같은 증상이 나타난다면 점검을 받아야 한다.

① 쇽업소버에 기름이 묻어 있거나 잡소리가 심한 경우

쇽업소버 안에 있는 오일의 윤활성이 나빠지면 작동 불량으로 소음이 발생한다. 겨울철이 되면서 차량 하부에서 잡소리가 심해졌다면 쇽업소버에 문제가 생겼다는 신호다.

② 갑자기 승차감이 떨어지거나 멀미가 생기는 경우

스프링 진동을 제어하는 쇽업소버가 파열되면 당연히 제어력이 떨어진

다. 충격을 원활히 흡수하지 못하므로 잔여 진동이 생기는 것이다.

벤츠 C클래스 기본 사양 서스펜션에서 주파수 감응식 가변 시스템을 체감할 수 있다. 즉 상용 영역의 중립 부근에서 스트로크는 작지만 주파수가 높은 진동을 받으면 부드럽게 작동하고, 롤이나 바운스에 의한 스트로크에서는 감쇠력을 서서히 강화시키는 것이다.

벤츠 C-Class의
쇽업소버

088

에어 서스펜션
(공기식 쇽업소버)이란?

현재 대부분의 차에는 코일 스프링과 유압을 이용하는 서스펜션이 장착되어 있다. 애초에 스프링 수 등에 의해 충격 흡수 정도가 정해지기 때문에, 노면 상태가 최악인 상황에서는 제 기능을 하지 못한다. 이러한 단점을 보완하기 위해 외부 환경에 맞춰 전자적으로 제어하는 고기능 서스펜션이 개발되고 있는데, 그중 하나가 전자 제어식 '에어 서스펜션' 이다.

에어 서스펜션은 코일 스프링 대신 공기압을 이용한다. 즉 공기를 압축해 완충 역할을 하는 것이다. 코일 스프링은 성능과 움직임이 제한적이지만 에어 서스펜션은 노면 상태와 탑승 인원에 따라 공기압을 조정

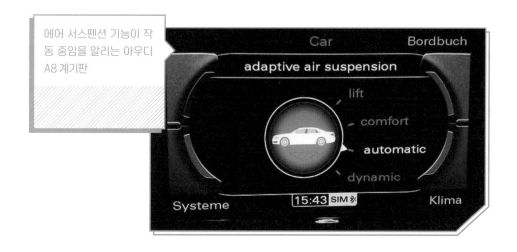

에어 서스펜션 기능이 작동 중임을 알리는 아우디 A8 계기판

한다. 또한 타이어 접지력을 높여 제동거리를 줄이고 급제동할 때 차량 쏠림 현상도 방지한다. 고속 주행 시엔 가속도 센서가 감지한 정보를 바탕으로 차체를 낮춤으로써 바람을 덜 타게 하고 흔들림을 방지한다.

⚡ 박병일 명장의 자동차 TIP ⚡

에어 서스펜션의 2가지 유형

에어 서스펜션에는 개방형과 폐쇄형이 있다. 외부 공기를 유입하거나 배출해서 서스펜션 높낮이를 조절하는 것이 개방형 공기 공급Opened Air Supply 시스템이다. 반면 폐쇄형 시스템은 에어 스프링과 에어 탱크 사이에 컴프레셔를 설치해 이미 고압으로 압축된 내부 공기를 이용하는 방식이다.

089

전동식
조향장치(MDPS)란?

스티어링 휠(핸들)을 포함해 자동차의 방향 전환에 관계되는 부품군을 스티어링 시스템Steering System, 즉 조향장치라 부른다. 조향장치 발전에 있어 획기적 전기가 된 것은 1950년대 개발된 파워 스티어링 방식이다. 엔진에서 조향의 동력을 얻어 유압에 의한 조작 편의성이 높아진 것이다. 적은 힘으로도 스티어링 휠을 가볍게 돌릴 수 있다는 의미에서 한때는 '파워 핸들'이라 불리기도 했다.

☑ 파워 스티어링의 원리
엔진의 힘으로 유압펌프를 구동해 유압을 저장해 두고 스티어링 샤프트가 회전하면, 그 끝에 달린 유압밸브가 열려 피스톤으로 앞바퀴 구동축의 방향을 바꾸는 힘을 지원한다. 스티어링 휠을 알맞은 정도로 가볍게 해줄 뿐만 아니라, 노면 감각을 적절히 느낄 수 있다는 장점을 발휘한다. 개발 초기에는 대형 승용차, 트럭, 버스 등에만 이용되었으나 1960년대부터 차체 앞부분이 무거운 전륜구동 자동차가 보급되면서 소형 승용차에도 장착되기 시작했다.

☑ 속도 감응형 조향장치, 유압식에서 전동식으로
스티어링 휠이 너무 가벼워지자 고속 주행 시 작은 충격에도 심하게 조

유압 파워
스티어링의 구조
(벤츠 GL-Class)

향되는 문제점이 발생하기 시작했다. 그래서 나온 기술이 '속도 감응형
유압식 조향장치'다. 저속에서는 스티어링 휠을 가볍게, 고속에서는 무
겁게 반응하도록 만들어주는 것이다. 그러나 장치가 무겁고 가격이 비
싸 주로 중대형 자동차에만 장착되었다.

그러다 조향에 모터의 힘을 이용하는 전동식 파워 스티어링EPS:
Electric Power Steering이 개발되었다. 이 방식을 업체마다 다르게 부
르는데, 현대기아차의 경우 '전동식 조향장치'의 영문 앞글자를 따서

전동식 유압 파워 스티
어링을 채용한 오펠 아
스트라

'MDPSMotor Driven Power Steering라고 한다. 기존의 유압식에 비해 효율이

나 공간 활용 면에서 유리하여 경차, 소형차 등에 장착되고 있다.

090

LED 헤드램프의
원리

자동차 헤드램프(전조등)는 불을 밝히는 원리에 따라 할로겐, HID(고압방전), LED 램프로 나뉜다. 할로겐은 백열전구와 유사한 원리다. 즉 유리구 안에 텅스텐 필라멘트를 고정하고 할로겐 가스를 주입한다. 최근 고급차에 주로 장착되는 것이 HIDHigh Intensity Discharge 램프인데 이는 형광등의 원리와 닮았다. 필라멘트 없이 전자가 형광물질과 부딪히면서 빛을 내는데, 할로겐에 비해 밝기는 3배 이상, 수명은 5배 이상을 자랑한다.

☑ LED 광원이란?

차세대 헤드램프로 관심을 모으는 것이 바로 LED 방식이다. LED는 반도체 소자로서 전류가 흐르면 빛을 내기 때문에 발광 다이오드Light-Emitting Diode라 불린다. LED는 1990년 말부터 자동차용 광원으로 사용되었고, 현재 비약적 기술 발전에 따라 고광량 LED가 개발되고 있다. 단, 열에 약하다는 반도체 소자의 특성을 갖고 있는 만큼 쿨링팬 등의 방열 시스템 개발도 함께 이루어져야 한다는 과제를 안고 있다.

☑ LED 헤드램프의 특징
① 우수한 전력 효율
LED 헤드램프(40W)는 기존 할로겐(55~60W)에 비해 전력 효율이 우수하

수명이 반영구적이고 전력 효율이 높은 LED 헤드램프

다. 전력 효율은 엔진 연료 효율에도 영향을 미치는데, 약 100W의 전력 효율은 연료 효율을 1% 올리는 것으로 알려져 있다.

② 긴 수명
기존 할로겐 헤드램프 수명이 300~500시간인 데 반해 LED는 6,000~10,000시간 정도 지속되기 때문에, 사실상 광원 교체가 필요 없다.

③ 자연광을 구현하는 친환경 소재
태양광과 같은 빛을 구현함으로써 눈이 편안하다. 또한 환경 유해물질을 사용하지 않는 친환경 소재라는 점도 장점이다.

④ 자동차 스타일링에 최적
LED 전구 하나하나의 빛의 양은 매우 적다. 따라서 헤드램프로 만들 때는 여러 개의 LED를 사용해야 하는데, 이것이 오히려 자동차의 스타일링을 극대화시킬 수 있는 매력이 된다.

091

오른쪽 전조등이 더 밝은 이유

정답은 왼쪽에 핸들이 있기 때문이다. 전조등을 켰을 때 불빛은 좌우 동일한 각도로 뻗지 않고 찌그러진 하트 모양이 된다. 왼쪽의 불빛이 없는 부분은 정확히 맞은편 차선에서 차량들이 주행하고 있는 위치다.

만약 좌우를 동일한 각도로 비춘다면 맞은편 운전자의 눈부심은 상당할 것이다. 또한 진행 방향 앞차의 왼쪽 사이드미러를 통해 들어가는 불빛 역시 운전자에게 부담이 된다. 이것이 바로 좌우 전조등 각도가 다른 이유다. 오른쪽에 핸들이 있는(좌측통행을 하는) 일본, 영국 등에서는 당연히 왼쪽 전조등이 더 밝다.

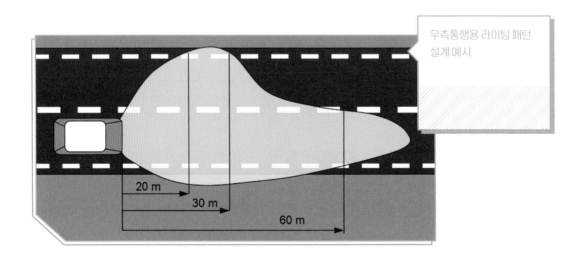

우측통행용 라이팅 패턴 설계 예시

유럽공동체EC 자동차분과위원회에서는 전조등 밝기, 각도, 거리 등을 고려한 세부적인 법규를 제정하고 있으며, 국내에서도 유사한 법규를 도입해 글로벌 표준에 부합하도록 노력하고 있다.

⚡ 박병일 명장의 **자동차 TIP** ⚡

야간 교통사고 사망률과 전조등의 중요성

도로교통안전관리공단 통계자료에 따르면, 차량 주행 중 사고로 발생하는 사망 건수는 주간이 전체 사고 중 약 2~3%인 것에 비해 야간은 약 40%대에 이르는 것으로 나타났다. 특히 주행 환경이 열악한 국도나 시야 확보에 어려움이 큰 곡선 도로에서의 사고 발생 비중은 더 높다.

야간에 주로 사용하는 전조등의 좌우 비대칭 설계는 본인 안전뿐 아니라 상대방 운전자의 안전을 위한 것이다. 우리가 무심코 작동하던 전조등에도 안전 과학의 원리가 담겨 있다.

092

지능형 전조등
시스템이란

얼마 전 자동차의 TV 광고에 지능형 전조등 시스템AFLS, Adaptive Front Lighting System이 등장해 화제가 된 적이 있다. 대부분의 운전자는 야간에 코너를 돌 때 노면이 보이지 않아 무의식적으로 감속하는 버릇이 있다. 그런데 스티어링 휠이 돌아가는 각도에 따라 전조등이 함께 돌아가 진행 방향을 비춰 준다면 안전에 큰 도움이 될 것이다. 바로 지능형 전조등 시스템의 '곡선로 기능'이다.

☑ 빛의 형태를 스스로 판단, 변형한다

전조등은 오랫동안 상향등, 하향등, 안개등을 조합한 형태를 유지해 왔다. 그런데 최근 야간 주행 시 안전성을 높이기 위해 주행 상태, 기후 조

기아 K9의 지능형 전조등 시스템 TV 광고

다이나믹 밴딩 라이팅

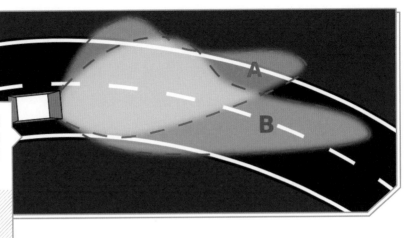

지능형 전조등 시스템 예
시. 곡선로에서 차량 진행
방향에 맞춰 전조등이 미
리 회전한다(B).

건 등 상황 변화에 따라 최적의 조명 상태를 제공하는 시스템이 개발되
고 있다.

중앙제어장치ECU가 각종 신호(스티어링 휠 각도, 시프트 기어 위치, 차량 속
도, 전조등 스위치 등)를 전달하면, 좌우 구동기Actuator가 램프 좌우 회전
각도를 조절하고, 상하 구동기가 기울기를 조절하며, 빛 차단장치Shield
구동기가 도로 조건에 따라 빛의 형태를 변형시키는 것이다.

☑ 지능형 전조등 시스템의 5가지 기능

기능	내용
시가지 기능	가로등이 설치돼 있거나 주변 밝기가 충분한 곳에서는 조명 길이를 줄이는 대신 좌우 폭을 넓혀 시야를 확보한다.
고속도로 기능	고속도로에서는 조명 길이를 늘려 더 멀리까지 시야를 확보하다.
악천후 기능	다양한 기상 조건에서 맞은편에서 오는 차의 전조등으로 인한 눈부심을 최소화한다.
곡선로 기능	곡선로에서 차량 진행 방향에 맞춰 전조등이 미리 회전한다.
교차로 기능	교차로에서는 추가 광원을 이용해 기존 전조등 빛이 도달하지 않는 좌우 측면부를 비춰준다.

☑ 내비게이션 연동 시스템도 개발 중

현재 유럽, 일본, 북미 등지에서 70개 이상 차종이 전조등에 곡선로 기능이나 교차로 모드를 적용한 것으로 알려져 있다. 차종별로는 승용차가 약 70%, SUV가 30%이고, 고급차 위주에서 중소형으로 적용 차종이 늘어나는 추세다. 현재 해외 선진 업체에서는 모든 기능을 포함하는 시스템 개발이 완성 단계에 이르렀으며, 내비게이션과 연동되는 시스템에 대한 연구도 활발히 이루어지고 있다.

093

에어컨 냉매 누출
자가진단법

에어컨을 겨울에도 가끔 가동해주라고 하는 데는 악취 방지뿐 아니라 다른 이유가 있다. 컴프레셔 안에는 냉매뿐 아니라 윤활유도 있는데, 각 부분에 윤활유가 골고루 묻어 있어야 하기 때문이다. 이때 에어컨 컴프레셔를 돌려주는 벨트가 느슨해져 헛돌지는 않는지도 점검하자. 스위치를 켜는 순간 '삐리리' 하며 헛도는 소리가 나므로 쉽게 알 수 있다. 에어컨 콘덴서의 먼지를 깨끗하게 청소하면 냉각 효과가 좋아진다. 요즘 신형 차 중에서는 시동을 걸면 자동으로 에어컨 컴프레셔를 작동했다 끄는 차도 있다.

☑ 겨울에 냉매가 새는 이유

바람이 나오긴 하는데 미지근하다면 냉매가 새 나갔을 확률이 99%다. 오랫동안 에어컨 가동을 하지 않는 겨울철엔 냉매와 섞여 있는 에어컨 냉동 오일이 순환하지 못한다. 따라서 컴프레셔 안의 고무 패킹 부분의 기밀성이 떨어져 냉매가 쉽게 새어버리는 것이다. 진공 테스트를 거쳐 새는 부품을 교체한 후에 냉매를 주입해야 한다.

☑ 냉매 새는 것 확인하는 법

정비업체에서는 냉매 감지기를 이용해 쉽게 알 수 있지만, 자가 진단법

오랫동안 에어컨 가동을 하지 않으면 냉매가 새어 나가기 쉽다.

도 있다. 후드를 열면 에어컨 부분에 연결된 흰색 알루미늄 파이프들이 보일 것이다. 파이프 연결 부위에 검은 먼지들이 붙어 있다면 냉매가 새는 것이다. 냉매는 가스 상태로 흔적 없이 빠져나가지만, 냉매 윤활유는 연결 부위에 기름 특유의 검은색 먼지 더께를 남기기 때문이다.

094

배터리 교환 시
꼭 확인해야 할 것

배터리는 발전기에서 발생한 전기 에너지를 화학적 에너지로 바꾸어 보관하는 역할을 한다. 그런데 추워도 더워도 고생을 하는 것이 배터리다. 여름철에는 에어컨, 윈도 브러시 등 많은 전기 사용으로 몸살에 걸리고, 겨울철엔 히터, 열선의 사용으로 배터리 성능의 약 20% 정도가 떨어진다. 겨울철 시동 불량의 절반 이상은 배터리가 원인이다.

☑ 배터리 청결과 수명의 관계

자동차 배터리는 사용하지 않아도 조금씩 방전이 된다. 이를 막으려면 배터리 상단부를 청결하게 유지해야 한다. 배터리액 등으로 오염된 경

자동차 배터리 상단부가 오염되면 배터리 수명이 단축된다.

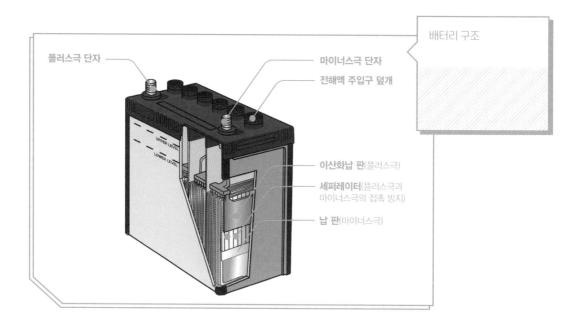

배터리 구조

플러스극 단자

마이너스극 단자

전해액 주입구 덮개

UPPER LEVEL

LOWER LEVEL

이산화납 판(플러스극)

세퍼레이터(플러스극과 마이너스극의 접촉 방지)

납 판(마이너스극)

우 양쪽 터미널이 통전하는 등 잦은 방전으로 수명이 단축된다. 또 미등이나 실내등을 끄지 않은 채 주차해서 배터리가 완전방전되는 경우, 발전기 고장으로 과다 충전되는 경우에도 배터리 수명이 단축된다.

최근 출고 차량에는 배터리액 보충이 필요 없다는 의미의 '무보수용 배터리'가 장착되는데, 정상적 상황이라면 최소 3년 이상 사용이 가능하다.

☑ 배터리의 교환 신호

배터리 상태를 간단히 눈으로 확인하는 방법이 있다. 배터리 상단부에는 동전 크기만 한 투명한 표시창(인디케이터)이 있는데, 표시창이 푸른색이면 정상, 적색이면 점검 필요, 투명하면 교환 대상이다. 하지만 전적으로 믿지는 않는 것이 좋다.

한편 시동을 걸 때 '끼리링' 하는

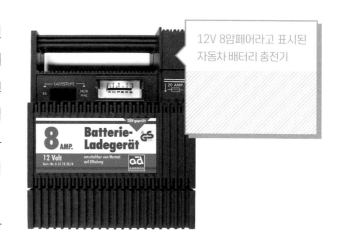

12V 8암페어라고 표시된 자동차 배터리 충전기

경쾌한 시동음이 들리지 않고 '끼릭끼릭' 하는 약한 소리가 날 때는 반드시 점검이 필요하다. 신품 배터리라 하더라도 공장에서 나오는 순간 방전이 진행되면서 수명이 줄어든다고 봐야 한다. 교환할 때 반드시 제조일자를 확인해야 하는 이유다. 생산된 지 오래된 배터리는 쉽게 피곤을 느끼고 수명이 짧을 뿐 아니라 발전기의 문제를 일으킬 수도 있다.

⚡ 박병일 명장의 **자동차 TIP** ⚡

자동차용 배터리는 왜 12V일까?

하나의 셀에서 12V라는 비교적 높은 전압을 만들어 내는 납축전지鉛蓄電池, lead-acid battery는 초기 자동차와 가장 궁합이 잘 맞는다는 이유로 대중화되었다. 초기에는 3개의 셀로 구성되는 6V가 주류였지만, 자동차 안에서 가장 큰 전력을 소비하는 시동 모터에 맞추기 위해 6V의 셀 수를 2배로 한 12V 축전지가 시장을 장악한 것이다.

그런데 초기 자동차가 나온 130여 년 전에 비해 상황이 많이 바뀌었다. 큰 전력을 소비하는 전기부품이 늘어나고 있어 승압이 필요하다는 공감대가 형성되고 있다. 전압이 낮으면 상대적으로 많은 전류를 써야 하기 때문이다. 앞으로는 48V 전압을 이용한 전기장치로 바뀔 것으로 예상된다.

095

자동차 배출가스에 대한
필수 상식

    자동차 배출가스에서 꼭 알아야 할 것이 바로 공연비_{Air Fuel Ratio}다. 공연비란 내연기관에서 공기와 연료의 비율을 나타내는 수치인데, 이것이 중요한 것은 배출가스와 밀접하게 관련되어 있기 때문이다. 이론적으로 가솔린엔진에서의 최적의 공연비는 14.7:1로 본다. 이 비율보다 연료 분사량이 많으면 출력은 상승하지만 배기가스 배출량이 늘어나고 연비가 나빠지게 되는 것이다.

    정상 공연비를 유지하기 위해서는 에어클리너, 점화플러그 등 소모성 부품의 일상 점검을 철저히 하고, 배기관의 삼원 촉매 장치가 파손되지 않았는지도 점검해야 한다. 다음은 대표적 배출가스다.

☑ 매연

연료 분사량이 너무 많거나, 공기 흡입량이 적어 연료가 완전연소되지 못하고 배출되면서 생기는 유해가스를 매연이라고 한다. 이를 예방하기 위해서는 연료 분사장치, 연료 노즐, 에어필터, 엔진오일, 엔진 압축비 등을 정기적으로 점검 · 정비해야 한다.

연료가 불완전 연소되면 검은색 배기가스가 배출된다.

배기가스 검사

☑ 질소산화물NOx

연소실 온도가 평균(500~2,500℃)보다 높을 때 공기 중의 산소와 질소가 결합함으로써 질소산화물이 발생한다. 연료량을 줄여 엔진 온도를 낮추고 잔류 가스 재순환장치(EGR)의 정상 작동 여부를 점검해야 한다.

☑ 탄화수소HC

엔진 연소실 온도가 낮은 상태에서 연료가 많이 유입되어 불완전 연소하면서 생긴다. 탄화수소가 규정보다 많이 나오면 플러그 및 배선, 점화 코일, 엔진 내부의 카본, 연료필터, 산소센서, 촉매 장치 등을 교환하거나 정비한다. 불량 연료(솔벤트 혼합 연료)를 넣었을 때도 탄화수소가 많이 나온다.

☑ 일산화탄소CO

공연비가 맞지 않거나 연소실 안에 연료가 부분적으로 과밀한 곳이 있어 희박 연소 현상을 일으킬 때 배출된다. 산소센서, 연료필터를 점검하고 ECU를 조정해 정상 공연비를 유지하게 한다.

096

장거리 주행 전
정비 목록

　자동차가 고장 나기 쉬운 경우는 장거리 주행 시, 더울 때, 추울 때, 바쁠 때로 요약된다. 장거리 여행이 즐거우려면 자동차 점검이 필수다. 2~3분 정도 워밍업을 한 후 출발하고 200미터까지는 시속 20㎞ 이내로 서행하고, 고속도로에서는 추월선보다 주행선을 이용하고 흐름을 깨는 과속운전을 삼가야 한다.

　긴급 상황에 대비해 예비 타이어, 탈착 공구, 점프 케이블, 바닥 표시용 스프레이 페인트, 일회용 사진기, 구급약품, 삼각표시판, 손전등, 생수, 장갑, 차량 쓰레기 수거 봉투 등도 미리 준비하자.

자칫 소홀하기 쉬운 벨트류. 보통 10만㎞를 운행한 후 교체하는 것이 좋다.

순서	점검 품목	점검 내용
1	엔진오일, 자동변속기 오일	엔진오일과 자동변속기 오일 게이지를 확인한 후 부족하면 보충해 준다. 차 바닥에 검은색 액체가 떨어지면 엔진오일, 포도주색은 자동변속기 오일, 녹색은 부동액이 새는 것이므로 평소에 미리 점검해두자.
2	냉각수	시동 전에 점검해야 한다. 냉각수가 부족할 경우, 대개는 낡은 고무호스나 클램프의 조임력 부족 때문이므로 교체하거나 조여준다.
3	벨트류	벨트는 보통 10만km에 한 번씩 교환하는 것이 좋다. 벨트의 장력은 손가락으로 꾹 눌러서 10mm 이내면 정상이다.
4	브레이크 오일, 브레이크 패드, 라이닝	오일 탱크의 눈금을 확인해 보충하고, 브레이크 패드와 라이닝을 점검해 마모되었으면 교환한다.
5	파워 스티어링 오일	저장 탱크 게이지를 살펴 'F' 선에 있는지 확인한다. 오일이 부족하면 자동변속기 오일로 보충해도 된다.
6	배터리	시동 키를 돌렸을 때 모터가 회전하는 소리가 경쾌하면 문제없다. 소리가 시원치 않으면 정비소에서 테스터기로 점검한 후 불량이면 교환한다.
7	유리 워셔액	반드시 전용액을 넣어야 하며 가득 채우는 것이 좋다.
8	등화장치	전조등, 제동등, 안개등, 미등도 하나씩 켜보면서 점검하자.
9	타이어 공기압	스스로 하기 어려우면 카센터 등에서 점검을 받도록 하자.

097

자동차 퓨즈
정비 상식

램프류, 파워 윈도, 클랙슨, 오디오, 와이퍼부터 엔진 전자제어 장치 (ECU)까지, 전기회로에 과전류가 흐르게 되면 퓨즈가 먼저 끊어져 전기 장치가 파손되지 않도록 한다. 따라서 전기장치가 작동되지 않는다면 가장 먼저 퓨즈를 점검해야 한다.

☑ 평소 퓨즈박스 확인하기

자동차 전기장치의 퓨즈들을 모아 놓은 것이 바로 퓨즈박스다. 퓨즈박스는 보통 엔진룸에 한 개, 운전석에 한 개 있다. 엔진룸의 퓨즈박스는 대개 배터리 옆에 설치되는데, ECU 등 중요 장치의 퓨즈들이 그곳에 있다. 운전석에 앉았을 때 왼쪽 무릎 부근에 있는 실내 퓨즈박스에는 라디오나 계기판 등 비교적 작은 장치의 퓨즈가 모여 있다.

> 퓨즈박스는 엔진룸에 하나, 운전석 왼쪽에 하나 있다.

퓨즈를 교환할 때는 암페어 수가 같아야 한다. 용량이 큰 퓨즈로 교환하면 장치부품이 손상되고, 용량이 작은 퓨즈로 교환하면 쉽게 단선되므로 꼭 규정 용량의 퓨즈를 사용하자. 만약 퓨즈를 교환했는데도 다시 끊어진다면 해당 전기장치 자체의 고장이므로 근본 원인을 찾아 수리해야 한다.

☑ 퓨즈 교환하는 방법

① 시동을 완전히 *끄고* 키를 'lock' 위치에 놓는다.

② 퓨즈박스 커버 안쪽의 회로도를 보고 해당 퓨즈의 위치를 확인한다.

③ 퓨즈는 머리 부분을 잡고 당기면 쉽게 빠진다.

   (퓨즈박스 커버 안쪽에 집게가 있는 차도 있다.)

④ 퓨즈박스 내의 예비 퓨즈를 끼운다.

⑤ 여분이 없다면 같은 암페어의 퓨즈 중에서 당장 작동하지 않아도 되는 것을 빼서 임시로 사용하고, 가능한 한 빨리 새것으로 장착한다.

퓨즈박스 커버를 연다.

교환할 퓨즈 위치를 확인한다.

퓨즈 뽑개를 꺼낸다.

퓨즈 뽑개를 이용해 교환할 퓨즈를 뽑는다.

신품 퓨즈를 눌러 꽂는다.

퓨즈 뽑개를 원 위치에 넣은 후 커버를 덮는다.

퓨즈 교환 순서

098

재제조 제품 효율적으로
활용하기

최근 경제 사정이 나빠지면서, 재제조 부품을 찾는 운전자들이 늘고 있다. 하지만 여전히 재제조 부품에 의혹의 눈길을 보내는 운전자도 적지 않다. 현행 자동차관리법에 따르면, 조향 계통 일부(조향기어 기구)와 제동장치 일부(마스터 실린더 및 배력장치)를 제외하고는 부품의 재활용이 허용되고 있다. 특히 최근에는 정부 주도로 품질인증 제도가 운영되고 있으니 이를 잘 활용하면 된다.

재제조 재생품을 사용하면 일단 차량 유지비 부담이 크게 경감된다. 예를 들어 주차장에 세워둔 차의 범퍼를 누군가 손상시키고 도주했을 때 새 범퍼로 교환하려면 최소 40~50만 원이 든다. 반면 재생품을 사용하면 20만 원 내외로 가능하다. 재생품이라고 해도 성능과 외관에 있어서 새 부품과 차이가 나지 않으니 나쁠 게 없다. 특히 중고차라면 굳이 새 부품을 고집할 필요가 없다.

☑ 재제조품에 대한 편견을 버리자

사실 새세조품에 대한 편견은 정비업소에 대한 불신에서 기인한다. 정비업소가 소비자에게 의무적으로 교부해야 하는 점검ㆍ정비 내역서에 신부품(A), 기타 신부품(B), 중고 재생품(C)을 구분해 표기해야 하는데 잘

재제조 부품 정부 품질인증 표시

지켜지지 않고 있어, 중고 재생품 사용에 큰 걸림돌이 되고 있다.

자동차를 잘 아는 운전자 중에서도 중고 또는 재생품은 대부분 폐차장에서 나오므로 신뢰할 수 없다고 생각하는 경향이 있다. 그러나 폐차에도 멀쩡한 부품은 있기 마련이다. 오히려 시중에서 구하기 힘든 오래된 차의 부품을 신품 값의 10~20%에 사는 알뜰 운전자도 늘고 있다.

☑ 최근 재생품 품질 향상도 한몫

최근 재생품의 품질이 좋아지고 있으며, 일부 재생품 업체는 손해배상 보험에 가입해 최대 1억 원의 배상금을 내걸고 있다. 또는 부품 장착 후 1년 또는 주행거리 20,000㎞ 이내에 발생하는 하자에 대해 보증 서비스도 하고 있다. 과거의 '팔고 나면 그만'이라는 인식이 바뀌고 있는 것이다.

☑ 재생품 사용 시엔 단골 업소를 이용하자

하자 발생 시 애프터서비스를 받기 쉽기 때문이다. 대부분 단골업소는 생활 반경 내에 위치해 있으므로 혹시 문제가 발생하더라도 거리가 가까워 이용하기 편하다. 게다가 요즘처럼 정비업소의 경쟁이 치열한 때에 단골 고객까지 속이는 업소는 거의 없다고 봐도 무방하다.

☑ 안전과 직결된 부품은 사용하지 말자

연료, 제동, 조향장치, 안전벨트 등이 여기에 해당된다. 이들을 제외한 단순 기능성 부품이나 외관품 등은 재활용 부품을 사용해도 아무 문제가 없다. 이미 일반화된 자동변속기가 대표적이다. 단품으로 재활용률이 높은 발전기나 시동 모터 등은 적극 권장할 만한 재활용품이다. 발전기나 시동 모터는 제품 하자를 초기에 쉽게 발견할 수 있어 애프터서비스를 받기도 쉽다.

099

고장 재발 시
무상수리 받는 법

일반 정비업체에서도 정비 과실에 의해 고장이 재발했을 때, 자동차의 연식과 주행거리에 따라 무상 보증수리를 받을 수 있다.

☑ 자동차관리법의 사후관리 규정

자동차관리법 시행규칙은 등록 정비업소(종합1급, 소형2급, 부분 정비업체 등)를 대상으로, 자동차 연식과 주행거리에 따라 정비 완료일로부터 1~3개월 이내에 무상 수리를 해주도록 하고 있다.

차령 및 주행거리	보증기간(정비완료일로부터)
1년 미만 또는 20,000km 이내	90일
3년 미만 또는 60,000km 이내	60일
5년 미만 또는 100,000km 이내	30일

정비업소는 정비 작업 때마다 견적금액, 상세 작업내용, 정비 완료일 등이 기록된 점검 정비 내역서 2부를 작성해 1부는 고객에게 발급하고 1부는 1년간 보관토록 하고 있다. 따라서 자동차관리법의 혜택을 받기 위해서는 당국에 등록된 정비업소를 이용하고, 점검 정비 내역서 발급을 요구해 보관해야 한다.

☑ 소비자피해보상규정(기획재정부 고시)

자동차관리법은 차령 5년 이상 또는 주행거리 100,000㎞ 이상인 차에 대해서는 무상수리 규정을 두지 않았다. 그런데 소비자피해보상규정은 차령과 주행거리에 관계없이 최소 60일간 혜택을 받을 수 있도록 했다.

차령 및 주행거리	보증기간(정비완료일로부터)
2년 미만 또는 40,000㎞ 미만	90일
2년 이상 또는 40,000㎞ 이상	60일

또한 정비업체가 점검 정비 내역서를 발급하지 않았을 경우에는 정비업체가 작업 내역을 입증토록 하고 있다. 그렇다면 자동차관리법과 소비자피해보상규정이 상충할 때는 어떻게 해야 할까? 원칙적으로 소비자피해보상규정은 법적 강제력이 없다. 하지만 소송이 제기됐을 때 판사의 판단에 중요한 규범이 되는 만큼 정비업소의 자발적 호응을 촉구할 수 있다.

안전운전
매너운전

CHAPTER

07

100

베스트 드라이버의
운전 자세

운전에 능숙하다는 사람 중에 시트를 과하게 뒤로 젖히고 다니는 사람들이 있다. 잠시는 편하게 느낄 수 있겠으나 장시간 운전하면 오히려 피로도가 더해진다. 올바른 운전 자세는 허리를 곧추세우고 팔을 쭉 펴서 핸들을 잡는 것이다. 이때 엄지로 핸들을 감지 말고 핸들 위에 자연스럽게 놓는다.

장거리 운전 시 바른 자세를 유지하려면 적어도 2시간에 한 번씩은 차에서 내려야 한다. 뭉친 근육을 스트레칭으로 풀고 다시 바른 자세로 앉으면 정신까지 맑아진다.

☑ 올바른 운전 자세

시트는 브레이크나 가속 페달을 밟은 상태에서 무릎이 쭉 펴지지 않을 정도의 거리를 유지한다. 이때 엉덩이는 뒤로 깊숙하게 넣고 등은 시트에 최대한 밀착시켜야 한다. 조금 경직된 자세라 생각될 수 있지만, 핸들을 돌리거나 브레이크를 밟는 등 운전 동작을 훨씬 빠르고 편하게 할 수 있고 피로감도 덜하다.

☑ 험로, 좁은 길에서는 시트 조금 앞으로 당기기

비포장도로, 산길, 험한 길에서는 시트를 조금 앞으로 당겨 앉자. 차 바

엄지로 핸들을 감아 잡으면 위급상황에서 빠른 대응이 어려워진다.

로 앞을 보는 데 훨씬 유리하다. 시야 확보가 익숙하지 않은 초보 운전자들이 시트를 앞으로 바짝 당겨 앉는 것도 이 때문이다.

하지만 뭐든 과하면 탈이 난다. 시트를 너무 앞으로 당기면, 좌우 시야가 좁아지고 핸들 조정이 자연스럽게 이루어지지 않는다. 충돌 사고 시 핸들에 부딪혀 큰 상해를 입을 수도 있다. 핸들과 운전자의 거리는 최소 30㎝를 유지해야 한다. 그래야 에어백이 터져도 안면과 가슴을 보호할 수 있다.

101

주차 실력은
'지식' 아닌 '감각'

초보 운전자의 첫 사고는 대부분 주차장에서 일어난다. 안전거리에
대한 감각이 만들어지는 데는 상당한 시간이 소요되기 때문이다. 운전
학원에서 배운 공식이 큰 도움이 되지 않는 것은 주차에 필요한 것은

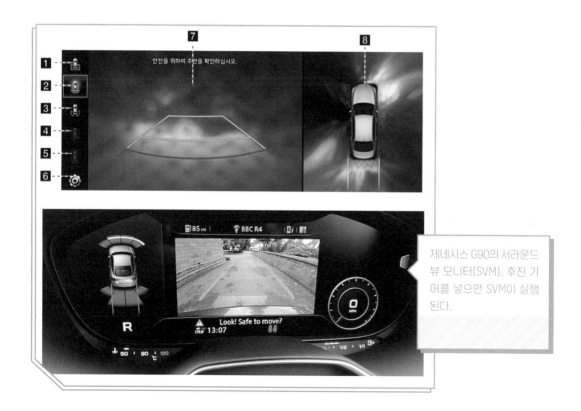

제네시스 G90의 서라운드
뷰 모니터(SVM). 후진 기
어를 넣으면 SVM이 실행
된다.

'지식'이 아니라 '감각'이기 때문이다. 운전은 감각이다.

'벽에 차가 서서히 가까워지는데 어느 정도나 더 갈 수 있을가? 후진하는데 옆차 혹은 뒷차에 부딪치지는 않을까?'는 경험을 통해서만 얻을 수 있는 감각이다. 감각이 생기면 어떤 환경에서도 정확한 판단을 내릴 수 있다.

주차를 잘하고 싶다면 연습밖에 답이 없다. 공터에 종이 박스를 쌓아 놓고 연습을 해보자. 박스를 자동차라 생각하고 박스와 박스 사이에 주차하는 연습을 하는 것이다. 특히 후진 주차 연습을 많이 하는 게 좋다. 사이드미러를 보며 후진 주차 연습을 많이 하면 감각이 빨리 형성된다.

요즘엔 후방 카메라뿐만 아니라 360도를 조망할 수 있는 어라운드 뷰 카메라가 설치된 차들도 많다. 하지만 그런 보조장치 없이도 주차선을 보고 주차하는 연습을 많이 해두는 것이 바람직하다. 특히 부지런히 핸들을 움직이며 앞뒤로 왕복하는 것을 귀찮아 하지 말자. 왔다갔다하는 게 귀찮으니 한 번에 주차하겠다는 욕심이 늘 사고를 초래한다.

⚡ 박병일 명장의 **자동차 TIP** ⚡

안전 주차 요령

① 겨울철 야간에 주차할 때에는 해가 뜨는 쪽을 마주 본다.
② 기온이 급변하거나 눈이 올 것 같으면, 앞창에 신문지를 덮는다.
③ 내리막길에 주차할 때에는 바퀴를 가장자리 벽 쪽으로 돌려놓는다.

102

끼어들기는
물 흐르듯이

차선을 변경하는 운전 기술을 흔히 '끼어들기'라고 표현한다. 끼어들기의 키 포인트는 다른 차들의 흐름을 막지 않으면서 부드럽게 진행하는 것이다. 끼어들기를 할 때는 진입하려는 차로의 상태와 어디로 끼어들 것인가를 먼저 결정해야 한다. 판단이 끝나면 차의 속도를 조절하면서 방향지시등을 켜서 다른 차들에게 알린다.

정체 구간이라면 방향지시등을 켜고 손을 들어 다른 차의 양보를 청해 본다. 당연히 웃는 얼굴이 좋다. 또한 끼어들기는 엔진이 충분한 힘을 낼 수 있는 상태(3,000rpm 이상)에서 하는 것이 바람직하다. 그래야 위급 상황 시 순간적인 대처가 가능하다.

☑ 옆차 앞으로 끼어들 경우
속도를 충분히 높여 옆차보다 빠르게 달리면서, 사이드미러에 옆차의 모습이 완전히 보일 때 진입하면 된다. 사이드미러에 옆차의 모습이 다 보이지 않는데 끼어들면 위험하다.

☑ 옆차 뒤로 끼어들 경우
옆차가 내 차를 추월한 순간 옆차의 뒤 범퍼를 물고 들어간다는 기분으로 끼어들면 된다. 이때 뒤쪽 차와 충분한 공간이 확보되었는지도 예의 주시한다.

사이드미러에 보이는 뒤차. 끼어들기의 핵심은 차량 흐름에 따른 부드러운 진행이다.

☑ 옆차가 끼어들기를 방해할 때

가끔 옆 차로의 차가 의도적으로 방해할 때가 있다. 함께 속도를 높이거나 브레이크를 밟아 차의 진행을 막기도 한다. 이럴 때 무리하게 끼어들기를 시도하는 것은 좋지 않다. 일단 포기하고 충분한 가감속을 통해 다른 곳에서 끼어들기를 시도한다.

103

코너링은
아웃-인-아웃으로

코너링의 비결은 클리핑 포인트(굽은 길의 꼭지점)에 있다. 일반적으로 올바른 코너링은 클리핑 포인트를 기준으로 아웃out-인in-아웃out의 순으로 진행된다. 그런데 이 방법은 클리핑 포인트를 잘못 잡으면 오히려 문제가 생길 수 있다. 너무 일찍 혹은 너무 늦게 차를 안쪽으로 붙이면 핸들 조작이 불안해지기 때문이다. 초보자라면 무리하지 말고 인-인-인을 하기를 권한다. 즉 코너에 진입하기 전에 충분히 속도를 줄인 다음, 길 가장자리를 따라 조심스럽게 코너를 빠져나오는 것이다.

초보자라면 급커브 길의 가장자리를 따라 조심스럽게 빠져나온다.

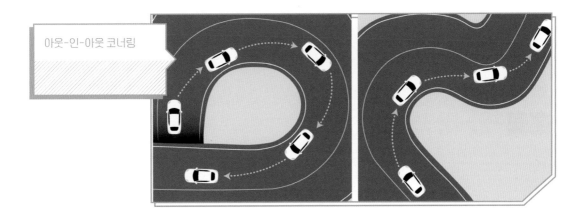

아웃-인-아웃 코너링

☑ 아웃-인-아웃 코너링

운전 테크닉이 좋은 운전자라면 코너에 진입하기 전에 차를 중앙선 쪽으로 붙인다. 수동변속기의 경우, 변속기 단수를 낮춰 엔진 회전수(rpm)를 높인다. 엔진 회전수를 3,000~4,000 이상으로 유지하며 클리핑 포인트에 도달하면 중앙선에서 벗어나 가장 안쪽으로 붙인다. 그다음엔 다시 중앙선 쪽으로 차를 빼면서 코너를 빠져나온다. 전방 시야가 확실하게 트이면 가속한다.

☑ 코너링에서 가장 중요한 것은 시야 확보

코너링 시에는 최대한 멀리 봐야 돌발 상황에 빨리 대처할 수 있다. 차가 코너를 도는 동안에는 A필러(앞 차창의 좌우 모서리)가 운전자의 시야를 가리기 때문에 몸을 조금 움직여서 시야 확보에 힘써야 한다. 또 하나 주의해야 할 점은 타이어가 도로를 벗어나지 않도록 해야 한다는 것이다. 만약 한쪽 타이어가 도로면를 벗어나면 도로 위에 있는 타이어와 벗어난 타이어 간에 노면 마찰계수가 달라지므로 차가 중심을 잃기 쉽기 때문이다.

104

고속도로 주행은
흐름

　능숙한 운전자라도 고속도로는 만만한 길이 아니다. 시속 100㎞의 속도로 달리는 차는 1초에 28미터를 이동한다. 바로 앞차는 물론 한참 앞의 교통 흐름까지 파악해야 하는 긴장의 연속이 바로 고속도로 주행이다. 상당한 피로를 동반하므로 적어도 두 시간마다 한 번씩 차에서 내려 쉬는 게 좋다.

　고속도로 주행 시에는 가급적 큰 트럭 뒤를 피하는 게 좋다. 시야 확보가 되지 않을 뿐 아니라 도로에 떨어진 작은 돌이 대형 트럭의 타이어 사이에 끼어 튕기기라도 하면 마치 총알처럼 큰 위협으로 작용하기 때문이다.

☑ 고속도로 진입하기

고속도로 주행에서 가장 먼저 겪게 되는 어려움이 진입이다. 진입 구간에서는 전력 질주하는 것이 좋다. 고속도로 본선의 빠르게 달리는 차들 사이로 끼어들어야 하기 때문이다. 짧은 진입 구간에서 속도를 충분히 높이지 못한 채 본선에 끼어들면, 흐름에 방해가 될 뿐 아니라 사고의 위험도 있다.

고속도로에서는 앞차뿐 아니라 한참 앞의 교통 흐름까지 파악해야 한다.

☑ 규정 속도냐, 주행 흐름이냐?

규정 속도와 주행 흐름 중 어느 것을 선택할 것이냐는 늘 고민거리다. 일반적으로 고속도로는 시속 100~110㎞로 제한하고 있지만 대부분의 차들은 그 이상으로 달린다. 만약 속도 차이가 크지 않다면 흐름을 맞추는 게 바람직하다. 만약 다른 차들이 너무 빠르다면, 제일 바깥 차로에서 규정 속도를 준수하면 된다.

105

변속 타이밍이 연비를
결정한다

    수동변속기 차량의 경우, 속도계보다는 rpm 게이지를 보면서 변속하는 것이 좋다. 일반적으로 1,500~2,300rpm 사이에서 변속하면 연비는 물론 차량 성능 유지에도 좋다. 좀 더 정확히 말하자면, 자기 차의 제원표에 나온 최대 토크 발생 시점에 맞춰 변속을 하는 것이 가장 연비에 유리하다.

    그런데 자동변속기도 수동변속기처럼 운전할 수 있다. 최근 팁트로닉, 스텝트로닉, H메틱 등 수동 기능을 겸한 자동변속기들이 많이 보급되고 있다. 변속할 때에는 레버를 정확하게 빨리 조작해야 한다. 기어가

전륜구동을 위한 사륜형 부변속기, PTU(좌)
후륜구동을 위한 부속변기, ATC(우)

중립에 있는 시간을 짧게 만들면 연비는 물론 엔진 효율을 높이는 데 효과적이다.

다만 변속기를 후진으로 바꿀 때에는 차가 완전히 정지한 뒤 레버를 조작해야 한다. 차가 완전히 서지도 않았는데 후진으로 변속해서 가속 페달을 밟는 습관은 고장의 원인이 된다.

⚡ 박병일 명장의 **자동차 TIP** ⚡

부변속기로 사륜구동, 이륜구동을 마음대로!

부변속기란 바퀴의 구동 상태를 임의로 조절할 수 있게 해주는 장치를 말하는데, 최근 SUV가 인기를 모으면서 관심의 대상이 되고 있다.

부변속기를 장착하면 네 바퀴를 모두 구동할 수도 있고(4WD), 두 바퀴로만 구동할 수도 있다(2WD). 4WD 상태에서는 다시 고속 주행 모드인 4H와 저속 모드인 4L을 선택할 수 있다.

평소에는 2WD로 이용하다가 눈길·빗길에서는 4H, 진흙탕이나 급한 내리막에서는 4L로 변속하면 된다. 사륜구동 차 중에서도 험로 주행이 필요 없는 차에는 4L이 생략되기도 한다.

현대자동차는 전륜구동 자동차를 위한 사륜형 부변속기 PTU*Power Transfer Unit*와 후륜구동 자동차를 위한 ATC*Active Transfer Case*를 양산 중이다.

106

자동변속기 버튼의
의미

    자동변속기엔 몇 개의 버튼이 있는데, 그 의미를 정확히 모르고 운전하는 사람들이 많다. 자동변속기 버튼은 기본적으로 자동변속기의 성능을 보조하는 역할을 한다. 이를 잘 활용하면 경제 운전, 안전 운전이 가능하다.

☑ OD 모드

OD(오버 드라이브)란 차가 일정 속도 이상이 되면, 연비를 높이고 소음을 줄이기 위해 변속기에 입력되는 엔진 회전수보다 출력 회전수를 높게 해주는 것을 말한다. 자동변속기는 연비를 좋게 하기 위해 변속이 일찍 일어나도록 세팅되어 있다. 오버 드라이브가 작동하는 상태에서는 부드럽게 달리면서 연비도 좋다. 만약 OD를 해제하면 변속기는 한 단 아래로 시프트 다운된다. 4단 자동변속기라면 3단, 5단 변속기라면 4단까지만 변속된다.

    연비를 생각하며 편안하게 운전하려면 오버 드라이브 모드를 작동하고, 성능을 높여 빠르게 가속 운전하려면 OD 모드를 해제하면 된다. 정체 구간에서 OD를 해제하면 잦은 변속을 막아 변속기의 피로를 줄일 수 있다.

자동변속기의
다양한 기능을 활용할 수
있는 버튼

☑ 홀드 모드

출발 시 1단이 아닌 2단으로 출발하게 해주는 장치가 홀드 버튼이다. 눈길, 빗길처럼 미끄러운 길에서 매우 효과적이다. 1단의 너무 강한 구동력을 감소시켜 미끄러짐 없이 부드럽게 출발할 수 있다.

OD를 해제하면 가장 높은 단으로의 변속이 안 되는 것처럼, 홀드 모드는 가장 낮은 1단 기어를 생략한다고 생각하면 쉽다. 다만, 홀드 모드로 장시간 주행하면 변속기에 무리를 줄 수 있다.

☑ 스포츠 모드 vs. 이코노미 모드

고급차의 경우 자동변속기를 스포츠 모드(파워 모드)와 이코노미 모드로 구분하기도 한다. 스포츠 모드는 변속 시점을 조금 늦춰서 높은 rpm을 사용할 수 있게 해준다. 차의 반응이 민감해져 가속이 빠르고 엔진 브레이크 효과도 발휘하지만, 연료 소모량이 많다. 반면 이코노미 모드는 변속 시기를 가급적 늦춰 연비를 향상시키고 소음도 줄이는 효과가 있다.

107

오르막길, 내리막길
운전 요령

언덕길을 만나면 평소대로 변속기를 D에 넣고 달린다. 수동변속기는 4단이나 3단으로 달린다. 언덕이 심하지 않으면 무리 없이 오를 수 있다. 달리다가 가속 페달을 밟아도 가속이 잘되지 않고 탄력이 줄어드는 느낌이 든다면 기어를 한 단 아래로 내리는 것이 좋다. 자동변속기는 2나 L을 선택하고, 수동변속기는 2, 3단으로 바꾸면 힘 있게 언덕을 오를 수 있다.

☑ 오르막길에서 정차할 때
초보 운전자가 아니더라도 오르막길에서 정지한 후 재출발하는 것은 좀 불안하다. 그러나 시각적인 두려움과는 달리, 평지라 생각하고 침착하게 대처하면 크게 어렵지 않다. 정 불안하거나 경사가 심한 경우라면 사이드 브레이크를 이용하자.

출발 전에 사이드 브레이크를 당긴 후 기어를 넣고 가속 페달을 천천히 밟는다. 차가 움직이는 느낌이 들면 사이드 브레이크를 천천히 풀면서 가속 페달을 밟으면 미끄러짐 없이 출발할 수 있다.

☑ 내리막길에서는 특히 코너링 주의
오르막길은 코너링을 조금 빠르게 해도 차의 자세가 흐트러지지 않는

오르막길, 내리막길에서는 사이드 브레이크와 엔진 브레이크를 효과적으로 활용하자.

다. 차의 무게가 뒤에 쏠려 있어서 안정적이다. 반면 내리막길의 코너는 매우 위험하다. 차의 무게가 앞으로 쏠려 뒤가 흔들리고 심하면 차체가 돌아버릴 수 있기 때문이다.

☑ 내리막길 브레이크 사용법

내리막길에서 브레이크를 계속 밟고 있으면 브레이크 계통이 과열되고 브레이크액에 기포가 생겨 브레이크가 제대로 작동하지 않을 수 있다. 이럴 때 엔진 브레이크가 필요하다. 자동은 L, 수동은 2단에 기어를 넣고 가속 페달에서 발을 떼어 보면 브레이크를 밟지 않아도 속도가 크게 감소한다. 엔진 소리가 조금 커지지만 걱정하지 않아도 된다.

108

비오는 날의 운전법

빗길에서 과속하지 말라는 이유는 수막현상 때문이다. 타이어와 노면 사이에 얇은 물의 막이 생겨서 마치 수상스키를 타듯이 타이어가 미끄러지는 상황이 발생하는 것이다. 이는 빙판길을 걷다가 넘어지는 것과 유사하다. 미끄러지는 순간에는 방향을 바꿀 수도 속도를 줄일 수도 없다. 스스로 멈출 때까지 어떤 동작도 불가능한 것처럼, 자동차도 제동과 조향장치가 작동되지 않는다. 타이어와 노면 사이의 마찰 저항이 급격히 떨어지기 때문이다. 따라시 빗길에서는 급브레이크를 밟지 말고 핸들을 꽉 잡은 채 서서히 감속해야 한다.

☑ 수막현상을 줄이는 2가지 방법

첫째는 저속 주행이다. 수막현상은 고속주행에서만 나타나기 때문이다. 타이어의 회전 속도를 늦춰서 차의 무게가 충분히 노면에 전달되도록 하면, 수막을 밀어내고 마찰력이 회복된다.

둘째는 타이어 교환이다. 낡은 타이어일수록 쉽게 수막현상이 발생한다. 타이어의 트레드가 마모되면, 건조한 노면에서는 큰 문제가 없더라도 물 덮인 노면에서는 마찰계수가 급격히 저하된다. 빗물을 배수할 타이어의 홈이 작아졌기 때문이다. 낡은 타이어는 빗길뿐 아니라 일반 도로에서도 정상적인 제동력을 발휘하지 못한다. 타이어 공기압이 지나

빗길에서 과속하면 타이어와 도로 사이에 수막 현상이 발생한다.

치게 높아도 수막현상이 쉽게 발생한다.

☑ 앞이 보이지 않는다면

와이퍼를 빠르게 작동해도 앞이 보이지 않을 정도의 폭우라면 잠시 운전을 멈추고 비가 잦기를 기다리는 것이 현명하다. 간혹 대형차가 물웅덩이를 치고 지나가서 갑자기 물벼락을 맞는 경우가 있다. 이럴 때는 와이퍼 속도를 최고로 하고 핸들을 꽉 잡은 채 가속 페달에서 발을 뗀다. 앞이 안 보이는 상황에서 핸들을 틀거나 급브레이크를 밟으면 매우 위험하다.

☑ 비 오는 날 실내 습기 없애기

비나 눈이 오는 날엔 차 내부에 습기가 발생한다. 외부 공기가 들어오도록 창문을 열고 송풍구를 유리창 방향으로 조절하면 습기가 사라진다. 그래도 습기가 빨리 사라지지 않으면 에어컨을 켠 채 더운 바람이 나오게 하면 빨리 제거된다.

일단 타이어 절반 위로 물이 올라온다면 운행을 포기해야 한다. 물에 잠긴 도로를 운전할 때에는 낮은 기어를 쓴다. 빠르게 움직이면 물이 엔진룸으로 밀고 들어올 수 있다. 천천히 힘 있게 움직이되 중간에 기어를 변속하지 말아야 한다.

109

눈길, 빙판길
안전 운전법

눈이나 얼음 역시 타이어와 노면의 마찰력을 감소시켜 위험 상황을 초래한다. 눈길에서는 2단 출발이 바람직하다. 1단으로 출발하면 구동력이 너무 커서 바퀴가 헛돌 위험이 따른다. 반면 2단으로 출발하면 구동력이 줄어 타이어와 노면에 적당한 마찰력이 생기므로 부드럽게 움직인다. 자동변속기라면 홀드 모드 버튼을 눌러 2단으로 출발하자.

☑ 미끄러운 길에서는 엔진 브레이크를

눈길, 빙판길에서 속도를 줄일 때는 브레이크 대신 엔진 브레이크를 사용하자. 즉 변속 단 수를 낮추면서 서서히 속도를 줄이는 게 바람직하다. 브레이크 페달을 밟을 때에도 한 번에 밟으려 하지 말고 적어도 두세 번에 나눠서 밟아야 한다.

겨울철에는 응달진 곳, 다리 위, 터널 입구와 출구 등을 지날 때에 특히 주의해야 한다. 빙판길일 가능성이 크기 때문이다. 위험 지역에 진입하기 전에 충분히 감속해야 한다.

☑ 미끄러운 언덕은 후진으로

눈 쌓인 언덕길을 오르는 것은 쉬운 일이 아니다. 특히 후륜 구동 차라면 우회하는 것이 현명할 수도 있다. 그런데 미끄러운 언덕길은 탄력을

눈 쌓인 도로에서는 2단
으로 출발하는 것이 요령
이다.

이용해 오르면 의외로 쉬울 수 있다. 오르는 중간에 변속은 절대 금물이
다. 구동력이 변하는 순간 바퀴가 미끄러지기 때문이다. 앞으로 오르기
가 힘들다면, 차를 돌려 후진으로 시도해보자. 의외로 무난하게 오를 수
있는 경우도 있다. 눈길 주행 시 엔진 회전수(rpm)는 2,000 전후를 유지
하는 것이 좋다.

110

위험한 안갯길
주행 요령

안개가 자욱한 도로는 낭만적 풍경이지만, 운전자로서는 더없이 피곤하고 위험한 존재다. 무엇보다 앞이 제대로 보이지 않는다. 상향등도 안개 속에서는 무용지물이다. 상향등을 켜면 하얀 안개만이 시야에 들어올 뿐, 그 안개 너머는 전혀 보이지 않는다.

그나마 이름값을 하는 것이 안개등이지만, 안개등이 시야를 확보해주는 것은 아니다. 다만, 빛이 넓게 퍼지도록 해서 가까운 곳을 넓게 볼 수 있게 해주는 기능은 있다. 전조등과 함께 안개등을 켜고, 그래도 불안하면 비상등을 함께 켜자.

☑ 안갯길에서는 선두에 서지 말자

안갯길에서는 맨앞에 나서지 말고 가급적 앞차를 따라가자. 단, 연쇄 추돌 사고에는 대비해야 한다. 시야도 안 좋은데 앞차만 바짝 쫓아 가다 보면 줄줄이 사고가 나기 쉽다. 앞차를 따르되 즉각 대응할 수 있는 거리는 확보해야 한다.

☑ 중앙선 쪽이 그나마 안전하다

어쩔 수 없이 혼자 달리거나 가장 앞에 서서 달리게 되었다면 가급적 중앙선 쪽으로 붙어서 건너편 차를 확인하며 달리도록 한다. 중앙 분리대

안개 낀 도로에서는 중앙선 쪽이 상대적으로 안전한 위치다.

가 있으면 다행이지만, 없는 경우라도 안개 속에서는 중앙선 쪽이 상대적으로 안전한 위치다.

반면, 중앙선 쪽은 맞은편에서 오는 차와 부딪힐 위험이 있다. 반드시 안개등을 켜서 자신의 존재를 알리고, 대형차가 올 때는 클랙슨을 울려 주의를 환기시키자. 안갯길에서 소리는 매우 유용한 안전 운전의 동반자다. 차창을 조금만 열어 놓으면 차 바깥의 도로 상황을 감지할 수 있어 큰 도움이 된다.

111

방어운전의 정석

　방어운전은 운전자와 보행자의 생명과 안전을 지키는 기본 중의 기본이다. 어떤 돌발상황에도 대응할 수 있도록 준비하고, 필요하면 즉시 차를 멈출 수 있는 상태가 최선이다. 멀리 보고 미리 준비하는 것이야말로 방어운전의 기본 원칙이다. 버스, 대형 트럭 등 큰 차 뒤를 피해야 하는 것은 두말할 필요가 없다.

☑ 학교 앞에서는 제한속도보다 더 느리게

좁은 길, 학교 근처, 주택가 골목길 등에서는 방어운전이 필수다. 다른 차와의 충돌을 피하기 위해서이기도 하지만 어린이, 노약자를 다치게 할 수도 있기 때문이다. 차를 즉각 멈추게 하는 데는 서행이 필수다. 학교 앞 등 안전지대에서는 표지판 제한속도보다 더 느리게 주행하는 것이 좋다.

☑ 골목길, 스쿨버스를 주의하자

수시로 바뀌는 도로 상황 역시 충분히 인식해야 한다. 앞에 학원이나 유치원 버스, 시내버스 등이 정차해 있다면 그 앞으로 아이가 언제든 뛰어나올 수 있다고 생각해야 한다. 골목길에 멈춰 있는 버스를 추월할 때에도 각별한 주의가 필요하다. 스쿨버스나 유치원 버스라면 추월하지 말

학교 앞에서는 제한속도보다 더 느리게 주행해야 한다.

고 기다리는 것이 바람직하다. 순간의 조급증이 대형사고로 이어진다.

　골목길 교차로에서는 자전거나 킥보드를 탄 아이가 달려 나올 수 있다는 가정을 머릿속에 입력해 놓자. 또한, 축구공이나 상애물이 차 앞에 갑자기 나타날 수도 있다.

112

브레이크는 최후에 밟는 것

레이싱 업계에서는 '멈출 수 있을 만큼만 달려라'라는 얘기가 있다. 이는 브레이크의 중요성을 강조하는 말이다. 운전을 잘하는 사람은 차의 속도를 미리 줄이고, 브레이크는 마지막에 밟는다. 혹은 여러 번에 나눠 브레이크를 밟기도 한다. 안전을 위해서는 후자가 모범 답안이다. 서두르지 않고 안전하게 멈추는 것이 최상이지만 차를 급하게 세워야 한다면 과감하게 급브레이크를 밟아야 한다. 즉 한 번에 힘껏 끝까지 밟는다.

☑ ABS가 장착된 차

ABS는 인간이 인지하기 어려울 정도의 짧은 시간에 브레이크가 작동과 멈춤을 반복함으로써 브레이크를 밟은 상태에서도 방향 조종이 가능하다. 빗길이나 눈길에서 ABS 장착 차량이 탁월한 제동 성능을 발휘하는 이유가 여기에 있다.

ABS를 장착하면 제동거리가 짧아진다는 속설이 있는데 꼭 그렇지는 않다. 도로 상태에 따라 그럴 수도 있지만 언제 어떤 상황에서나 그런 것은 아니다. 단, ABS 장착 차량이 더 멀리 가서 멈출 수도 있으므로 과신은 하지 않는 것이 좋다.

도로 위에 생긴 급브레이
크의 흔적, 스키드 마크

☑ ABS가 장착되지 않은 차

ABS가 없다면 좀 더 기술적으로 급브레이킹을 해야 한다. 바퀴를 정면
으로 향하게 한 채 핸들을 꽉 붙잡고 브레이크 페달을 끝까지 밟는다.
바퀴가 정면을 향해 있지 않으면 급브레이크를 밟을 때 타이어가 잠기
며 차가 방향을 잃고 미끄러지고 심하면 돌 수도 있기 때문이다. 그 어
떤 경우에도 시야는 원하는 주행 방향을 주시해야 한다.

113

10대의 차가 시야에 있어야 한다

가능한 한 멀리 넓게 볼 수 있으면 운전이 한결 수월해지고 사고 위험도 감소한다. 시야 확보를 통해 도로 상황과 주변 환경을 파악할 수 있기 때문이다. 좌석의 위치를 조정할 때 편안함과 함께 시야의 용이성을 확인해야 되는 이유다.

☑ 앞차, 뒤차, 옆차 확인하기

도로를 달릴 때는 내 차를 기준으로, 고개를 돌리지 않은 채 10대 안팎의 차를 확인할 수 있어야 한다. 우선 앞으로는 3대 이상의 차를 봐야 한다. 옆으로는 최소한 좌우측 각각 1대씩의 거동을 수시로 살필 수 있어야 한다. 특히 좌우에서 나란히 달리는 차들은 가끔 사각지대로 들어가 안 보이기도 하므로 충분히 조심해야 한다. 충분한 시야가 확보되지 않는다면 차선 교체 시에는 물론이고 수시로 고개를 돌려 옆 차들이 달리고 있는 것을 확인하는 게 좋다

내 차 뒤에 오는 차 2대 이상의 움직임도 파악하는 게 바람직하다. 뒤차가 너무 가까이 붙었다 싶으면 도로 상황에 따라 속도를 더 내주는 것이 바람직하고, 속도를 더 내기 힘든 경우에는 아예 뒤차가 추월할 수 있도록 도와준다.

☑ 운전자의 시선 처리

운전을 하는 동안 시선은 부지런히 도로 위는 물론 도로 주변까지 살펴야 한다. 왼쪽 사이드미러 보고, 앞을 보고, 룸미러를 보고, 오른쪽 사이드미러를 살피는 식이다. 중요한 것은 차의 전방을 놓치는 순간은 절대 없어야 한다는 점이다. 전방 상황을 연속적으로 파악하면서 순간순간 옆과 뒤를 체크하는 요령을 익혀야 한다.

계기판을 너무 오래 쳐다보거나, 내비나 오디오 등을 조작한다고 버튼을 이리저리 누르며 전방에서 시야를 떼는 것은 매우 위험하다. 잠깐 한눈을 파는 사이 차는 엄청난 거리를 전진한다.

경제 운전이란
무엇일까?

경제 운전이란 한마디로 연료를 아끼는 운전이다. 연료를 아끼는 가장 쉬운 방법은 차의 무게를 줄이는 것이다. 트렁크를 열어 차에 필요 없는 잡동사니와 짐을 꺼내면, 그만큼 기름이 덜 들게 마련이다. 또 주유 시 연료 탱크의 절반만 넣는 것도 좋은 습관이다. 한편 연비에 악영향을 끼치는 대표적인 장치는 에어컨이다.

자동변속기보다는 수동변속기가, 가솔린엔진보다는 디젤엔진이 연비 면에서 훨씬 경제적이라는 것은 상식이다.

☑ '급'자가 들어간 것을 하지 않는다

급출발, 급회전, 급정지, 급가속 등은 안전에 문제가 있을뿐더러 연비에도 좋지 않다. 브레이크는 미리 몇 차례에 나눠서 밟는 게 경제적이다. 경제성만 놓고 보면 가급적 브레이크를 밟지 않는 게 좋다고 할 수 있다. 시중에는 연비를 향상시켜 준다는 다양한 장치나 제품들이 나와 있지만 신뢰할 만한 것은 극히 드물다. '급' 자만 조심해도 그 이상의 효과를 볼 수 있다.

☑ 타이어 점검은 필수

타이어 공기압은 연비와 직접적인 관련이 있으므로 평상시 점검이 필수다. 또 오일류와 점화장치 등을 수시로 점검해 엔진 상태를 최적으로 유지하는 것도 연료 절감에 도움을 준다.

☑ 차계부 쓰기

차계부를 쓰면 아무래도 합리적으로 차를 운용하게 된다. 평소 유지비를 줄일 수 있을 뿐 아니라 중고차로 팔 때도 상대적으로 비싼 값을 받을 수 있다.

☑ 경제적 운전 습관 들이기

시속 60~80㎞의 속도로 정속 주행하는 것은 가장 기본적인 경제 운전 습관이다. 기어가 물린 채로 가속 페달에서 발을 떼면 연료 공급이 차단된다. 즉 퓨얼 컷feul cut이 된다. 따라서 속도를 높이고 달리다가 기어가 물려 있는 상태에서 가속 페달에서 발을 떼면 기름 한 방울 쓰지 않고 한참을 달릴 수 있다.

⚡ 박병일 명장의 **자동차 TIP** ⚡

정차 시 기어 N이냐, D냐?

자동변속기 차량 운전자들이 고민하는 것 중 하나가 정차 시 기어를 D에 넣을 것인가, N으로 빼고 있을 것인가 하는 문제다. 결론적으로 연비만 생각한다면 N렌지에 넣는 것이 맞고, 자동변속기를 고장 없이 타려면 D렌지에 넣는 것이 유리하다. 단, 정차 시간이 5분 이하라는 가정 하에서 그렇다.

115

여성 운전자들의
흔한 실수

한 조사기관의 통계에 따르면, 여성 운전자의 86.5%가 남성 운전자에게 직간접적인 모욕이나 언어폭력을 당한 경험이 있다고 한다. 물론 운전에 매우 능숙한 여성도 많다. 초보이거나 운전에 미숙한 여성 운전자의 경우, 다음의 원칙들만 지켜도 도로에서 불편한 상황을 맞을 일은 줄어들 것이다.

☑ 차선 구분은 제대로

주행로와 추월로의 차이를 분명히 인식해야 한다. 차선은 중앙선 쪽부터 바깥쪽으로 1차선, 2차선, 3차선 등으로 구별한다. 운전에 자신 없다면, 고속도로나 자동차 전용도로에서 중앙선에 가까운 추월차선은 아예 가지 말자.

☑ 정차는 제자리에

버스 정류장 근처나 횡단보도에 차를 세우는 것은 욕 먹는 것을 자초하는 일이다. 잠깐 정차한다고 해도 교통 흐름에 방해가 되지 않은 곳을 골라야 한다.

☑ 차라리 손해 본다는 마음으로

소심하게 운전하다가는 피해를 본다는 생각에 오히려 무모해지는 경우가 있다. 가령 방향지시등도 켜지 않은 채 차선을 바꾼다면 나의 안전은 물론 남의 안전까지 해치는 일이다. 이럴 땐 차라리 손해 보고 만다는 마음가짐이 필요하다.

☑ 운전 연습은 통행이 없는 곳에서

운전은 부단한 연습을 필요로 한다. 자신감이 붙을 때까지는 인적이나 차량 통행이 적은 장소에서 연습을 하는 게 좋다. 실전이 최고라면서 복잡한 도로를 고집한다면 위험천만이다

☑ 운전 장갑은 이제 그만

운전 장갑을 낀 채 핸들을 꼭 붙잡고 있는 모습은 누가 봐도 초보 운전자의 모습이다. 더군다나 미끄러운 천 장갑은 위급 상황 시 핸들링을 방해할 수 있다.

116

자동차 탑승자는
어릴수록 위험하다

자동차는 성인을 기준으로 만들어진 만큼, 유아와 어린이의 안전 확보에 매우 소극적이다. 최첨단 안전장치로 무장한 고급 차라도 아이들에게 더 나은 안전을 제공하지 않는다.

☑ 어린이 전용 시트는 필수

체격이 성인과 비슷해지는 10세 전후까지는 어린이용 시트를 준비한다. 이는 사고 시 충격에서 보호해 줄 뿐 아니라, 아이들이 불필요하게 차를 만지거나 운전을 방해하는 행동을 예방한다.

> 어린이 탑승자는 뒷자석에 전용 시트를 설치하고 안전벨트까지 해야 한다.

☑ 앞좌석은 금물

뒷좌석에 전용 시트를 설치하고 안전띠까지 매주자. 처음에는 아이가 답답해 할 수 있지만 사고 시 큰 화를 면할 수 있다. 유아라면 공인된 기관의 안전 테스트에 합격한 제품을 선택하는 게 좋다.

최악의 상황은 에어백이 장착된 차에 안전벨트도 하지 않은 채 앞좌석에 아이를 앉히는 것이다. 전면 충돌사고가 나면 에어백 폭발 충격으로 사고 상황보다 훨씬 더 큰 피해를 당할 수 있기 때문이다.

☑ 도어, 윈도 모두 잠그기
운행 도중에 문을 여는 일이 없도록 해야 한다. 뒤쪽 왼편 도어엔 안에서 문을 열지 못하도록 하는 도어록(세이프티록) 장치가 있다. 이 장치를 '록'으로 세팅하면 아이들이 도어 레버를 당겨도 문이 열리지 않는다.

☑ 절대 아이들만 두지 말기
'잠깐인데 어때?'라는 안일한 생각으로 아이들만 둔 채 차를 떠나는 경우가 있다. 여름철 고온의 상황이라면 질식사를 초래할 수 있으므로 매우 위험하다. 또한 아이들이 차를 오조작해 사고를 유발할 수도 있다.

자동차보험 상식과
사고 처리 요령

CHAPTER

08

117

보험 가입하기 전
체크 포인트

아는 게 힘이라는 말이 있다. 자동차보험에 가입할 때는 아는 것이 돈이 된다. 지금부터 보험과 관련된 상식을 따져보겠다. 보험료를 절약하는 최고의 방법은 무사고라는 점을 꼭 기억해두자.

☑ 인터넷 비교 견적은 필수

가입 조건에 따라 온라인보험사가 저렴할 때도 있고, 기존 보험사가 저렴한 경우도 있다. 가입 전 인터넷 보험료 비교 견적 사이트를 이용해 꼭 비교해보자.

☑ 새로 생긴 특약 반드시 확인

보험사별로 특약을 차별화한 상품을 내놓고 있다. 대표적인 예가 운전 연령 및 범위 제한이다. 특약만 잘 선택해도 보험료를 최대 50%까지 낮출 수 있다.

☑ 보험료는 일시불로

할부 수수료가 만만치 않으므로 보험료는 일시불로 내는 것이 좋다. 일시불 납부가 부담스러울 때는 보험사별로 실시 중인 무이자 신용카드 할부 행사를 이용하자.

자동차보험 가격 비교 사이트

☑ 무사고는 최고의 절약법

사고를 내지 않으면 매년 보험료가 10%씩 내려간다. 7년간 무사고일 경우 최고 60%까지 할인받게 된다. 반면 사고를 내서 보험 처리하게 되면 자기 과실이 없는 경우를 제외하고는 보험료가 할증된다.

☑ 교통법규 위반은 보험료 낭비

교통법규 위반은 보험료 할증에 영향을 준다. 특히 음주운전, 뺑소니 등 중대법규 위반 1회에 보험료가 10% 인상된다. 중앙선 침범, 속도 위반, 신호 위반 등을 2회 이상 하면 5~10%가 할증된다.

☑ 2대 이상일 때는 동일 증권으로

운행하는 차가 여러 대라면 보험 기간을 맞춰 하나의 증권으로 가입하자. 동일 증권으로 가입하면, 지금 당장 보험료 할인을 받지 못하더라도 사고가 났을 때 좀 더 유리한 할인 할증률을 적용받기 때문이다.

118

차 옵션에 따라
보험료가 달라진다

　보험사들이 적극적으로 집객에 나서면서, 브레이크 잠김 방지장치
(ABS), 도난방지장치(GPS, 내비게이션, 이모빌라이저), 자동변속기, 에어백,
블랙박스 등을 장착한 차의 보험료를 할인해 주는 특별 요율을 내놓고
있다. 자동차 안전장치에 따라 보험료를 절약할 기회가 생기는 셈이다.
물론 장치가 많아질수록 차값이 비싸지고, 자기손해차량(자차) 담보의
보험료가 상승하긴 하지만 전체 보험료 인하 금액보다는 적은 사례가
많다.

블랙박스 등 차의 옵션에
따라 보험료를 할인해 준
다.

설령 보험료 할인 폭이 적더라도, 보험 가입 시 차의 사양을 정확히 알려 주는 효과가 있어 나중에 해당 장치가 파손되거나 도난당했을 때 손쉽게 보상을 받을 수 있다.

⚡ 박병일 명장의 **자동차 TIP** ⚡

손해보험사의 보험료 할인율

할인율은 ABS의 경우 전체 보험료의 2~3%, 도난방지 장치는 전체 보험료의 0.7~5% 수준이다. 에어백은 자기 신체 사고 담보 보험료의 1~2%이고, 추가로 대인Ⅱ보험료의 5%를 할인해 주는 곳도 있다. 일부 손해보험사의 경우, 오토미션과 ABS를 모두 장착한 차는 6.3%를 할인해주므로 꼭 비교해보는 것이 중요하다.

119

가입조건 변경 후 보험료 되돌려받기

자동차보험은 운전자들의 필수품이지만 제대로 활용하지 못하는 경우가 많다. 나도 모르는 사이에 보험료가 줄줄 새는 일도 있다. 가입 조건이 바뀌었을 경우 차액을 환불받을 수 있는 기회가 있으니 자세히 알아보자.

☑ 생일날 보험료 돌려받기
가입 당시 나이가 보험 기간에 해당하지 않는 경우가 있다. 예를 들어 만으로 26세가 보험 기간에 해당된다면, 우선 25세에 해당되는 운전자 연령 특약에 가입했다가 만 26세가 되는 생일날 26세 한정 특약으로 변경하면 된다. 만 20세, 22세, 23세 운전자도 마찬가지다.

☑ 개인사업 하다가 취업했을 경우
자가용 승용차를 '개인사업용'으로 가입했다가 보험 기간 중 취업했다면 '출퇴근 및 가정용'으로 변경하자. 나머지 보험 기간의 차액 보험료를 돌려받을 수 있다. 개인사업자인데 '출퇴근 및 가정용'으로 가입했다면 해당 사항이 없다.

☑ 자녀가 군대나 유학 갔을 경우

자녀가 운전 가능한 조건으로 가입한 후에 자녀가 군대나 유학을 갔다면, 보험사에 연락해 운전자 범위를 부부 또는 1인 운전자로 변경하고 운전자 연령도 높여 달라고 신청한다. 신청한 날로부터 나머지 보험 기간 동안의 보험료 차액을 돌려받을 수 있다. 단, 개인 소유 승용차의 가족운전자 한정 운전 특약에만 해당된다.

☑ 가입 15일 이내면 보험사 변경 가능

보험 가입 후 보험료나 보상 서비스에서 유리한 보험사를 알게 되어 후회하는 가입자들이 종종 있다. 그러나 가입한 지 15일이 지나지 않았다면 문제가 없다. 일단 유리한 보험사에 중복 가입한 후 이전 보험사의 계약을 철회하면 된다.

120

보험사가 말해주지 않는 절약법

☑ 군대 운전 및 해외 보험 가입 경력

군대 운전병, 관공서 및 법인체 운전직, 외국에서 자동차보험 가입 경력은 모두 국내 자동차보험 가입 경력과 동일하게 인정받는다. 군대에서 2년간 운전병으로 근무했다면 최초 가입 시보다 보험료를 약 45%까지 할인받을 수 있다. 이 사실을 모른 채 가입했다 하더라도 병적 또는 경력증명서, 보험증권 사본 등의 서류로 입증하면 보험료 차액을 받을 수 있다.

☑ 단기간 운전도 1년 가입으로

자동차보험을 1년 미만으로 가입하면 비싸다. 단기간 쓸 차라도 일단 1년으로 가입하자. 보험료가 부담된다면 분할 납부도 가능하다. 이후 차를 판다면 매매계약서를, 폐차한다면 말소증명원을 첨부해 보험을 해약하면 나머지 보험료를 돌려받을 수 있다. 매매계약서나 말소증명원이 없다면 보험료 공제액이 커지므로 주의하자.

☑ 외국 체류 뒤 귀국하면 할인율 승계

외국에 나가기 전 할인율을 적용받았다면 승계가 가능하다. 국내의 무보험 기간이 1개월을 넘지 않는다면 갱신 할인을 그대로 적용받고, 무보험 기간이 1개월 초과 1년 미만이라면 이전 계약의 할인율을 적용받는다. 단, 국내에 있을 때 사고가 있었다면 할증이 될 수 있으니 승계 여부를 잘 따져봐야 한다.

☑ 보험료와 보험 약관은 무관

보험사는 일반 자동차보험(플러스보험, 고보장보험은 제외)에 똑같은 약관을 적용하면서 보험료에만 차등을 두고 있다. 보험료가 저렴하다고 보험 약관이 부실한 건 아니란 말이다. 다만, 보험 약관 중 긴급출동 서비스 특약 등은 보험사별로 내용이 다소 다를 수 있다.

121

이색 특약상품
활용하기

자동차보험은 자동차 사고만 보상해 주는 상품이 아니다. 특별약관을 잘 살펴 보면 사고로 인한 반려견 사망 보상금이나 결혼식 취소 위로금 등도 받을 수 있다. 현재 일반적인 자동차보험에 덧붙여 다양한 유형의 사건 사고에 대해 일정액을 보상해 주는 특별약관이 약 240여 개 존재하고, 계속 늘어나는 추세다.

특별약관이란 자동차보험의 일반 약관과는 별도로 보험에 가입된 차의 운전자를 제한하거나 보상 범위를 넓히는 등 특별한 조건을 붙여 계약하는 것을 말한다. 눈에 띄는 몇 가지 특약을 소개한다.

반려견을 위한 특약상품도 있다.

특약상품	보험사	내용
결혼비용 담보 특별약관	삼성	피보험자가 결혼식 당일에 교통사고로 결혼식이 취소되었을 때 일정액의 위로금 지급
태아 사산 위로금 특별약관	삼성	자기 신체 사고로 피보험자의 4개월 이상 된 태아가 사산할 경우 일정액의 위로금 지급
실버 특별약관	KB	50세 이상 피보험자가 피보험 자동차 사고로 죽거나 다쳤을 때 일정 금액을 추가 보상
반려견 사고 담보 특별약관	동양, 한화	피보험자가 피보험 자동차를 운전 중 자동차 사고로 탑승 중인 반려견이 죽었을 때 이를 보상
레이디 패키지 특별약관	동양, KB, 동부	여성 피보험자가 피보험 자동차 사고로 성형, 치아 보철 등이 필요한 경우 이를 보상
보호자 위로금 특별약관	그린	피보험자가 피보험 자동차 사고로 사망 또는 상해를 입었을 때 보호자 위로금으로 일정 금액 지급

122

명절, 연휴, 휴가철을 위한
보험상품

자동차보험 가입 효과를 톡톡히 누릴 수 있는 시기가 있다. 명절 연휴와 휴가철이 다가오면, 여러 손보사들은 서비스 경쟁을 펼친다. 휴게소 등에서 이뤄지는 자동차 무상 점검 서비스, 24시간 사고 보상 센터 등이 좋은 예다. 이 기간 중에는 긴급출동 서비스에도 많은 공을 들이고 있다.

물론 모두에게 이런 서비스를 해주는 것이 아니니 나름 준비가 필요하다. 즉 손보사가 보상을 회피할 수 있는 구멍을 만들지 말아야 한다. 필요에 따라 약 1~2만 원 정도의 비용을 투자해야 한다. 지금부터 보험료를 제대로 활용하기 위해 점검해야 할 특약과 담보를 살펴보자.

☑ 긴급출동 서비스 추가 가입

긴급출동 서비스는 고장 등 문제가 발생했을 때 매우 유용하다. 긴급 구난 및 견인, 비상 급유, 잠금장치 해제, 배터리 충전 등 어려움에 처했을 때 필요한 서비스를 제공해주기 때문이다. 손보사에 따라서는 긴급출동시 퓨즈 및 전구 교환, 오일 보충 등을 제공하기도 한다. 서비스를 한 번만 받아도 확실히 본전을 뽑을 수 있다.

혜택을 누리려면 자신의 보험이 긴급출동 서비스 특약에 가입되어 있는지 보험증권을 잘 살펴야 한다. 미가입 상태라면 보험 대리점이나 설계사에게 연락해 추가로 가입하는 것이 좋다. 1년에 약 1~2만 원 정도라 부담이 없고, 추가 가입 시엔 나머지 해당 기간에 대해서만 내면 된다.

☑ 긴급출동 서비스 가입하지 않고 이용하기

긴급출동 서비스 특약에 들지 않아도 해당 서비스를 이용할 방법이 있다. 주요 손보사들은 장기 운전자보험 가입자를 대상으로 같은 내용의 서비스를 무상으로 실시하고 있기 때문이다. 만약 장기 운전자보험에 가입했다면, 자동차보험 가입 전 보험사나 대리점 등에 연락해 서비스 가능 여부를 알아보는 것이 좋다. 자동차보험과 운전자보험을 각각 다른 보험사에 가입했더라도 서비스를 받는 데 지장이 없다.

☑ 무보험차 상해 담보 & 다른 차 운전 담보

보험 가입자와 그 가족이 뺑소니 차 등 무보험차에 의해 상해를 입었을 때 보상해 주는 것이 무보험 상해 담보이다. 이 담보에 들면 '다른 차 운전 담보 특별약관'에 자동 가입된다. 추가로 들어가는 보험료는 없다. 다른 차 운전 담보 특약은 가입자와 그 배우자가 타인 소유의 차(승용차, 10인 이하 승합차, 1톤 이하 화물차)를 운전하다 사고를 냈을 때 대인, 대물, 자기 신체 사고를 보상받을 수 있다. 무보험차 상해 담보에 들지 않았더라도 가입 보험사에 연락해 추가로 가입하면 된다. 보험료도 1년 기준으로 2만 원 내외이며, 중도에 가입하면 남은 보험 기간만큼만 내면 된다.

☑ 단기 운전자 확대 특약

명절이나 휴가철엔 형제나 친구 등이 차를 운전할 수 있다. 그런데 차가 가족 한정 특약이나 연령 특약 등에 가입되어 있다면 사고 시 보상을 받기 어렵다. 모든 사람이 운전할 수 있도록 보험 계약을 변경해야 하지만 보험료 부담이 커서 망설여진다. 연휴가 끝난 뒤 원 상태로 회복하는 방법도 있지만 이 역시 번거롭다는 문제가 있다.

이런 경우, 단기운전자 확대 특약을 활용하면 간단히 해결된다. 이 특약은 7~15일 동안 누가 운전하다 사고를 내도 보상해 주는 상품이다. 명절 연휴 기간에 자주 사용되므로 명절 임시 운전 특약으로 불리기도 한다. 보험료는 7일 기준 1만 5,000원 내외이다.

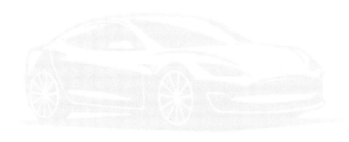

123

보험 처리 기준은 50만 원?

자동차 사고를 내면 누구나 보험으로 처리할지 자비로 해결할지 고민에 빠진다. 대형사고는 큰돈이 들어가므로 보험료 할증을 감수하고도 보험 처리를 하지만, 가벼운 접촉사고가 나면 갈등을 겪는다. 운전자들 사이에서는 보통 '50만 원 이상이면 보험 처리, 그 이하면 자비 처리'라는 원칙이 통용된다.

그런데 이 기준은 맞을 수도 있고 틀릴 수도 있다. 운전자마다 할인 할증률, 사고 유무와 사고 건수 등이 다르기 때문이다. 또 당장은 보험 처리가 나아 보여도 몇 년 후까지 감안하면 손해일 수도 있다.

⚡ 박병일 명장의 자동차 TIP ⚡

보험 처리냐, 자비 해결이냐 고민될 때

고민하지 말고 자신이 가입한 손보사에 물어보면 된다. 각 손보사마다 사고 처리 방법에 따라 향후 보험료가 어떻게 변동될지 알려 주는 프로그램이 있기 때문이다. 또 보험 처리를 했는데, 나중에 자비 처리가 유리하다는 것을 알게 되었다면 계약 갱신 전에 해당 보상금을 보험사에 지불하면 된다.

124

'자차 보험' 추가로
가입하기

태풍, 집중호우, 폭염 등 기상이변이 자주 발생하고 있다. 무심코 천변 주차장에 차를 세워뒀다가 갑자기 쏟아진 비에 차가 쓸려 가거나 심지어 차를 꺼내려다 희생되는 운전자들도 있다. 2003년 태풍 매미 때는 2만 대 이상, 2022년 수도권 집중호우로는 1만 대 넘는 차가 침수되었다. 이런 자연재해 상황에 대비해 자차 보험(자기 차량 손해보험)에 가입하는 것이 바람직하다.

☑ 자차 보험 가입하기

1999년 8월부터 태풍, 홍수, 해일 등 풍수해로 인한 자차 손실을 보상하도록 자동차보험 약관이 개정되었다. 이로써 태풍 매미 때 침수된 2만 대의 차 중 1만 3,000대 가량이 보험금을 지급받았다. 자차 보험은 침수 피해는 물론 라이터 등 인화 물질로 인한 화재나 도난, 가해자(가해 차)를 모르는 손실 등도 보상해준다.

☑ 자차 보험, 추가 가입도 가능

폐차 직전의 차가 아니라면 자차 보험은 가입하는 것이 좋고, 언제든 추가 가입할 수 있다. 추가 가입 시는 남은 보험 기간에 해당하는 금액만 내면 된다. 가입한 날 자정을 기점으로 다음날부터 보상받을 수 있으며,

보상 금액은 보험증권에 나와 있는 차량 가액의 95% 정도다.

☑ 자차 보험료 줄이는 방법

자차 보험을 들 때 선택해야 하는 자기부담금을 이용하면 보험료를 낮출 수 있다. 자기부담금이란 차 파손으로 수리가 필요할 때 가입자가 부담해야 할 금액을 말한다.

자기부담금은 5만 원, 10만 원, 20만 원, 30만 원, 50만 원 등으로 세분화되어 있고, 자기부담금이 클수록 보험료가 낮아진다. 자차 보험료가 부담된다면 자기부담금을 높이면 된다. 하지만 무작정 높이다가는 보상을 못 받는 일이 생기므로 보험사와 상의하는 것이 좋다.

125

자동차 사고에
대처하는 태도

차 사고가 나면 가해자든 피해자든 엄청난 당혹감에 휩싸인다. 몸이 다치지 않았더라도 극도의 혼란으로 적절한 응급조치를 취하기 어렵다. 만약 사고가 발생했고 부상자가 있다면 최우선으로 119에 신고하고, 이어서 경찰, 보험사 순으로 신고 절차를 밟는다.

사소한 사고라고 신고하지 않으면, 사후에 서로 얘기가 달라지거나 보상 문제 등으로 합의가 이루어지지 않을 수 있다. 거기다 뺑소니 시비까지 불거지면 문제가 복잡해지므로 무조건 보험사와 경찰에 사고 접수를 하는 게 안전하다.

☑ 대부분의 사고는 쌍방과실

경찰에 신고하면 안전속도 위반, 전방주시 태만, 신호 위반 등의 이유로 딱지를 끊게 될까 봐 신고를 망설이는 사람이 있다. 하지만 신고를 해야 분명한 책임 분담으로 사후 처리가 원만해진다.

명심해둘 일은 대부분의 사고가 쌍방과실이라는 점이다. 상대방이 가해자이고, 상대방의 잘못이 크고, 결정적인 원인을 제공했어도 나에게 일정 부분 책임이 부과된다. 피해자 입장에서는 억울하지만, 방어운전 의무를 소홀히 했기 때문이다.

☑ 증거와 기록 남기기

① 육하원칙 메모

사고 현장에서 책임 소재를 분명하게 하는 내용을 문서로 작성해 서명을 받은 뒤 상호 교환하면 사후 처리에 아주 유용한다. 명함 뒷면이나 메모지 등에 사고 내용을 육하원칙에 따라 적은 뒤 책임 소재 및 피해보상 비용을 누가 부담할 것인지 적어두면 된다.

② 현장 사진과 목격자 확보

부상자에 대한 조치와 신고가 끝나면 사고 현장을 중심으로 다양한 각도에서 사진을 찍는다. 스프레이로 각자의 차 바퀴 위치를 도로에 표시해도 된다. 카메라나 스프레이가 없어 사고 현장을 기록할 수 없다면 경찰이 올 때까지 현장을 보존한다. 현장에서 목격자를 확보하는 것도 향후 사건 처리에 큰 도움이 된다.

⚡ 박병일 명장의 자동차 TIP ⚡

긴급출동 서비스 번호 단축키 입력

손해보험사의 자동차보험 긴급출동서비스 번호를 휴대폰 단축키로 입력해 둘 것을 권한다. 그럴 필요가 없다고 생각하겠지만 사고가 나서 당황하면 연락처가 생각나지 않아 허둥거리게 된다.

사고가 아니더라도 추운 날 갑자기 시동이 걸리지 않을 때, 차 문이 얼어서 열리지 않을 때, 미끄러운 길에 빠져 꼼짝도 하지 못할 때처럼 응급 상황 시엔 혼자서 해결하려 하지 말고 긴급출동 서비스 센터로 연락하자. 직원이 응급 대처법을 알려주고 직접 출동해 문제를 해결해준다.

126

사고 시 가해자, 피해자 구별법

교통체증과 주차난은 일상생활이 되었다. 도로뿐 아니라 골목길, 아파트 주차장에서도 운전자끼리 말다툼을 벌이는 경우를 쉽게 볼 수 있다. 일부 운전자들은 '목소리 크면 이긴다'라는 잘못된 생각으로 무조건 목소리를 높이는 경우가 있다. 특히 초보나 여성 운전자의 경우 피해자이면서도 가해자로 몰리기도 한다. 이럴 때 약간의 상식만 있어도 보다 당당히 대처할 수 있고 좀 더 빠르게 사고 처리가 가능해진다.

☑ 차 vs. 사람

자동차 사고는 대부분 쌍방과실에서 비롯되지만, 일반적으로 사고에 대한 잘못이 조금이라도 많은 쪽이 가해자가 된다. 그러나 모든 사고에 대해 똑같이 적용되는 건 아니다. 차와 보행자 간 사고에서는 무조건 차가 가해자다. 운전자는 보행자를 우선적으로 보호해야 할 의무가 있으므로, 설령 신호를 지켰더라도 책임을 회피할 수 없다.

☑ 차 vs. 차

차끼리 발생한 사고는 사고 유형별로 과실 비율이 달라지므로 가해자를 가리는 것이 매우 복잡하다. 이럴 땐 보험사의 보상 직원이나 손해사정인의 도움을 받는 게 좋다. 가장 간단한 원칙은 직진하는 차를 방해한 운전자가 가해자라는 것이다.

경찰 조사 결과를 바탕으로 본인이 가해자로 판정받는다면, 경우에 따라 형사 처벌까지 받아야 한다. 교통사고 처리 특례법에 따라 사고 원인이 중앙선 침범 등 10대 중과실 위반 사고나 사망 사고가 아니고, 가해자가 자동차종합보험에 가입했거나 피해자와 합의했다면 형사 처벌 대상이 아니다. 이 경우라도 도로교통법상 범칙금은 내야 한다.

127

피해자의 사고 처리 요령

본인이 교통사고의 피해자가 되었다면 어떻게 해야 할지 머릿속으로 시뮬레이션해 보는 것은 매우 중요하다. 막상 사고가 나면 머릿속이 하얘지기 때문이다. 다음은 사고가 나서 피해자가 되었을 때 꼭 알아야 할 요령 5가지이다.

☑ 사고 후엔 치료가 우선

사고 당시엔 경황이 없어 몰랐던 신체 이상이 뒤늦게 발생할 수 있다. 다친 부위에 따라 다르지만, 신체 이상은 의학적으로 24시간 뒤에 나타나는 것으로 알려져 있다. 가벼운 사고라도 가해자의 인적사항, 연락처, 보험사는 꼭 알아둬야 한다.

☑ 통원보다 입원

부상을 입었다면 입원 치료가 유리하다. 통원 치료는 보험사나 가해자가 신경을 덜 쓸 뿐 아니라 보상금도 적어질 수 있다. 여건이 되지 않아 통원 치료를 받더라도 일주일이나 열흘에 한 번은 치료를 받아야 후유증을 줄일 수 있고 보상에도 문제가 생기지 않는다.

☑ 증거 꼼꼼히 챙기기

합의할 때는 과실 비중에 따라 보상금이 결정된다. 피해자가 심한 부상을 당했을 경우, 경찰이나 보험사는 가해자의 일방적 진술에 의존하게 되므로 피해자에게 불리한 상황이 벌어질 수 있다. 피해자나 동승자 등이 사고 관련 사진을 찍어 증거로 가지고 있어야 한다.

☑ 상대 보험사의 정보 공개 요구에 응하지 않기

상대 보험사가 요구하는 확인서에는 이름, 주소, 연락처 등 기본적인 내용만 쓴다. '의무기록 일체에 대한 열람, 복사에 동의한다'라는 동의서는 작성하지 않아야 한다. 또 직업도 대충 적으면 안 된다. 변호사나 손해사정인 등 전문가와 상의해 법률상 인정받을 수 있는 최종 직업을 주장하는 것이 좋다.

☑ 장해 진단서는 유리하게

장해 진단서는 보험사와 합의할 때 보상금을 결정하는 데 큰 영향을 끼칠 수 있다. 또 나중에 생긴 후유증으로 소송이 발생할 때 요긴하게 사용되므로 가능한 한 높게 받아두는 것이 좋다. 종합병원급 이상에서 치료비 추정서를 받아두면 더욱 좋다.

128

피해자에게 필요한
합의의 기술

교통사고 처리에서 피해 갈 수 없는 과정이 바로 '합의'다. 지나친 흥분이나 말싸움은 보상에 도움이 되지 않는다. 사고 피해자가 되었을 때 꼭 알고 있어야 할 합의의 기술 5가지를 소개한다.

☑ '지급 기준'이란 말에 속지 말자

일부 보험사는 자동차보험 약관의 지급 기준이 절대적인 것처럼 말하면서, 약관상 보상이 안 된다고 주장한다. 그러나 이것은 사실이 아니다. 피해자는 법률로 인정되는 손해액을 모두 보상받을 수 있다. 단, 이를 위해서는 영수증, 소견서, 사진 증거물 등을 챙겨둬야 한다. 소송전으로 갈 때도 이러한 증거물은 매우 중요하다.

☑ 보험사 직원과 싸우지 말자

가끔 상대 보험사 직원과 목소리 높이며 싸우는 경우가 있는데 그럴 필요가 없다. 각종 민원제도가 잘 갖춰져 있으므로, 문제가 있다면 보험사 민원 담당 부서에 차분히 항의하면 된다. 보상에 대한 불만 및 분쟁은 금융감독원이나 한국소비자보호원에 민원을 접수하면 된다.

☑ 합의는 장기전이다

상대 보험사와 합의할 때는 장기전을 염두에 두고 소송까지 생각하는 것이 유리하다. 그리고 합의가 이루어진 후에는 고생한 보험사 직원에게 고마움을 표하도록 하자. 보상이라는 현실적 문제로 싸웠지만 인간적으로 미워할 필요는 없다.

☑ 진술은 또박또박 정확히

경찰에서 조사를 받을 때 흥분한 나머지 버벅거리는 경우가 있다. 조사 시의 진술은 또박또박 하고, 진술서에 날인할 때도 자신의 진술과 일치하는지 꼼꼼히 확인해야 한다. 조사 결과가 불리하면 해당 경찰서의 상급기관에 이의신청을 할 수 있다. 차끼리의 접촉 사고라면 자신의 보험사에 연락해 도움을 얻는 방법도 있다.

☑ 도움을 줄 전문가를 찾아라

변호사를 찾는 것이 가장 좋겠지만 비용 문제가 있으니 우선은 비용 부담이 적은 전문가를 찾자. 시민단체의 무료 법률상담, 손해사정인, 각종 인터넷 보험 관련 사이트에서 실시하는 무료 보상 상담 서비스 등을 이용하면 된다.

129

가해자를 위한
사고 처리 요령

자신이 교통사고 가해자가 되었다고 해서 각서를 써달라는 등의 무리한 요구에 응할 필요는 없다. 대신 자신이 사고 처리를 하겠다는 의지를 분명히 밝히기만 하면 된다.

☑ 피해 정도를 꼼꼼히 확인한다

우선 피해자에게 사과를 한 후 사고 처리를 약속한다. 그리고 피해 정도를 꼼꼼히 살핀다. 이때 절대 운전면허증을 주거나 각서를 쓰면 안 된다. 다음으로 현장에서 사고 증거물을 확보한 뒤에 차를 안전지대로 이동한다. 목격자가 있다면 확인서나 연락처 등을 받아 둔다.

☑ 신분 확인과 연락처 교환

신분증을 교환하여 상대방의 이름, 주민번호, 면허증 번호 등을 확인하고 적어둔다. 또 상대방에게 반드시 가입 보험사와 정확한 연락처를 적어준다. 신분증을 줄 필요는 없고, 필요할 경우 각서가 아닌 사고 경위에 대한 확인서를 써 준다

☑ 가벼운 부상도 무시하면 안 돼

피해자가 가벼운 부상을 입었더라도 병원까지 동행한다. 피해자가 괜

찮다고 하더라도 경찰이 도착할 때까지 현장에 있어야 뺑소니로 몰리지 않는다. 병원에 도착하면 원무과 직원에게 차량 번호와 보험사를 알려 준다. 중상자는 사고 발생 즉시 병원으로 후송한다.

☑ 사고 현장 보존과 안전지대 이동

사고 당시의 차 상태, 파편 흔적 등을 스프레이로 표시하거나 사진으로 찍어둔다. 사고 현장을 객관적으로 설명할 수 있는 목격자를 확보한다. 현장 파악이 끝나면 피해자와 합의 하에 사고 차를 안전 지역으로 옮긴다.

☑ 할증 금액이 많다면 자비로 전환

자비 처리보다 보험료 할증금이 많다고 판단되면 이미 받은 보험금을 보험사에 반납해서 자비 처리로 전환한다. 자기 과실이 없는 사고는 보험료 할증을 걱정하지 않아도 된다. 사고 처리 후 보험사에 문의하면 자기 과실 여부를 알려준다.

130

형사 합의는 반드시
전문가의 도움을 받아야

형사 합의란 형사 처벌을 가볍게 하기 위해 피해자에게 금전적 보상을 하는 것을 말한다. 사망, 뺑소니 등 처벌이 무거운 사고를 냈을 때 필요한 절차다.

☑ 반드시 전문가의 도움을

전문가란 보험사와 손해사정인, 변호사 등을 말한다. 피해자와 합의가 원만히 이루어지지 않으면 공탁 제도 등을 이용할 수 있다.

☑ 사고 처리 결과 반드시 확인

보험사로부터 사고 처리 결과를 통보받아, 보험 처리로 보험료가 얼마나 올라가는지를 반드시 확인해야 한다. 보통 사고 후 2~3개월 정도면 처리 결과를 알 수 있다. 만약 그 이상의 기간이 소요된다면 많은 돈이 나갈 가능성이 크다. 보험사와 피해자 간 합의가 원만치 않다는 것을 의미하기 때문이다.

☑ 보험사를 비서로 활용

사고가 나면 보험사에 연락해 해결 방법을 상의한다. 가입자의 당연한 권리이므로 망설일 필요가 없다. 보험사가 사고 처리를 해주었다고 보

험료가 무조건 올라가는 것도 아니다. 오히려 피해자가 무리한 요구를
해 올 경우, 보험사는 방패 역할을 해준다.

⚡ 박병일 명장의 **자동차 TIP** ⚡

민사 책임은 보험금만으로 OK!

보험사에 사고 처리를 맡겼다면 법률상 모든 손해에 대한 책임을 보험사가 진다.
보험사가 보상하지 않는 손해는 가해자에게도 책임이 없다. 단, 각서 등을 써주어
늘어난 손해는 보험사가 책임지지 않는다. 사고 처리 후, 피해자가 추가 보상을
요구하더라도 보험사를 통해서 하라고 미루는 것이 좋다.

부록

한눈에 보는
자동차 도감

자동차 외관 명칭

리어 펜더   루프 패널   보닛   라디에이터 그릴

연료주입구 덮개   전조등

타이어   사이드미러   안개등

앞 범퍼

트렁크 리드   프런트 펜더

뒤 방향지시등   C필러   B필러   A필러

뒤 범퍼   브레이크등   리어 펜더

자동차 패널 명칭

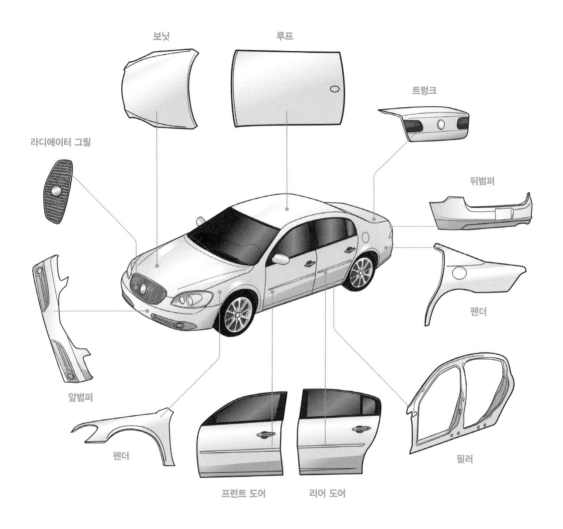

보닛

루프

트렁크

라디에이터 그릴

뒤범퍼

펜더

앞범퍼

펜더

필러

프런트 도어

리어 도어

③

자동차 바디 구조

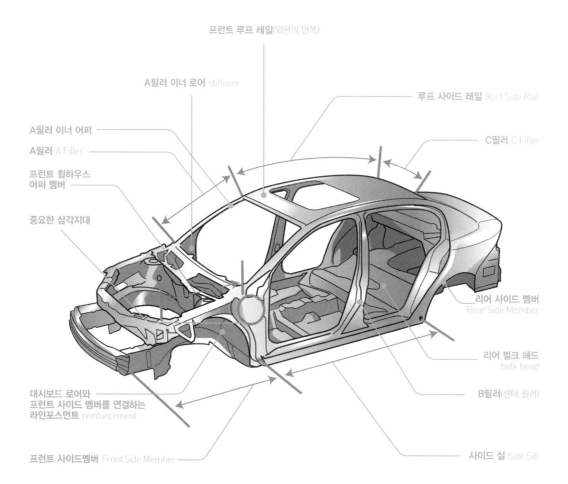

프런트 루프 레일(외판의 안쪽)

A필러 이너 로어 stiffener

루프 사이드 레일 Roof Side Rail

C필러 C Filler

A필러 이너 어퍼

A필러 A Filler

프런트 휠하우스 어퍼 멤버

중요한 삼각지대

리어 사이드 멤버 Rear Side Member

리어 벌크 헤드 bulk head

대시보드 로어와 프런트 사이드 멤버를 연결하는 라인포스먼트 reinforcement

B필러(센터 필러)

프런트 사이드멤버 Front Side Member

사이드 실 Side Sill

자동차 현가 · 조향장치 구조

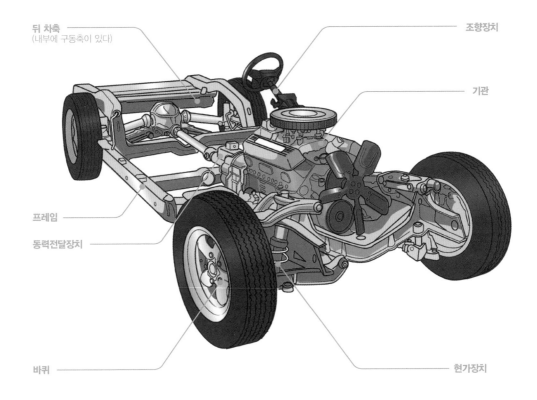

뒤 차축
(내부에 구동축이 있다)

조향장치

기관

프레임

동력전달장치

바퀴

현가장치

자동차 도어 구조

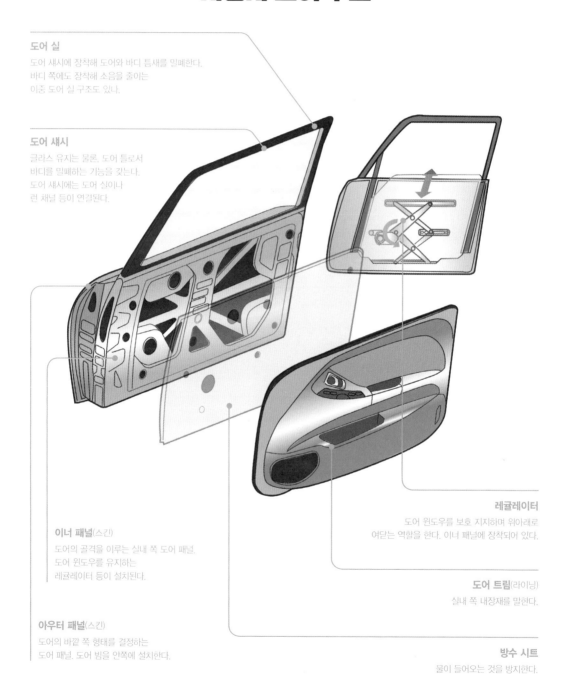

도어 실

도어 섀시에 장착해 도어와 바디 틈새를 밀폐한다.
바디 쪽에도 장착해 소음을 줄이는
이중 도어 실 구조도 있다.

도어 섀시

글라스 유지는 물론, 도어 틀로서
바디를 밀폐하는 기능을 갖는다.
도어 섀시에는 도어 실이나
런 채널 등이 연결된다.

이너 패널(스킨)

도어의 골격을 이루는 실내 쪽 도어 패널.
도어 윈도우를 유지하는
레귤레이터 등이 설치된다.

아우터 패널(스킨)

도어의 바깥 쪽 형태를 결정하는
도어 패널. 도어 빔을 안쪽에 설치한다.

레귤레이터

도어 윈도우를 보호 지지하며 위아래로
여닫는 역할을 한다. 이너 패널에 장착되어 있다.

도어 트림(라이닝)

실내 쪽 내장재를 말한다.

방수 시트

물이 들어오는 것을 방지한다.

도어 조립라인

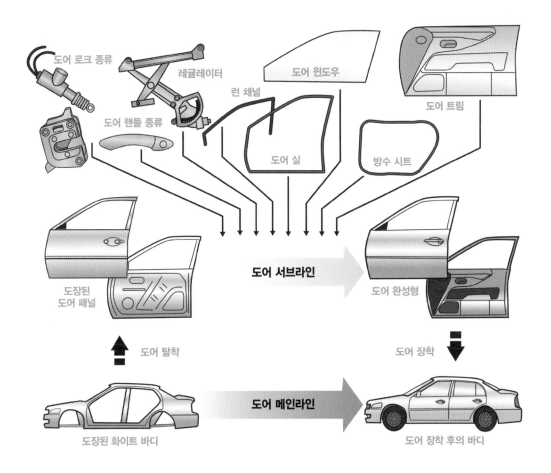

도어 로크 종류

레귤레이터

도어 윈도우

도어 트림

런 채널

도어 핸들 종류

도어 실

방수 시트

도어 서브라인

도장된
도어 패널

도어 완성형

도어 탈착

도어 장착

도장된 화이트 바디

도어 메인라인

도어 장착 후의 바디

자동차 모노코크 바디

모노코크 주요 부품

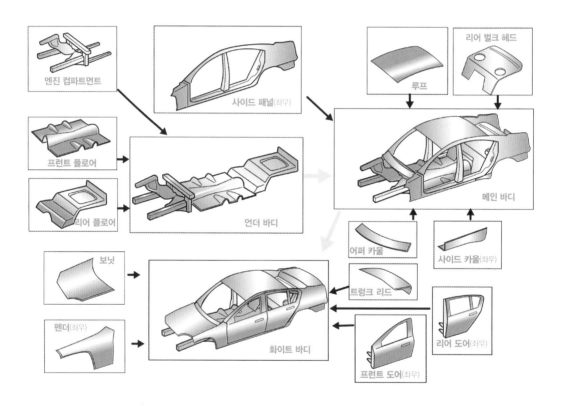

엔진 컴파트먼트

사이드 패널(좌우)

루프

리어 벌크 헤드

프런트 플로어

리어 플로어

언더 바디

메인 바디

어퍼 카울

사이드 카울(좌우)

보닛

펜더(좌우)

트렁크 리드

리어 도어(좌우)

프런트 도어(좌우)

화이트 바디

328

자동차 인테리어 명칭

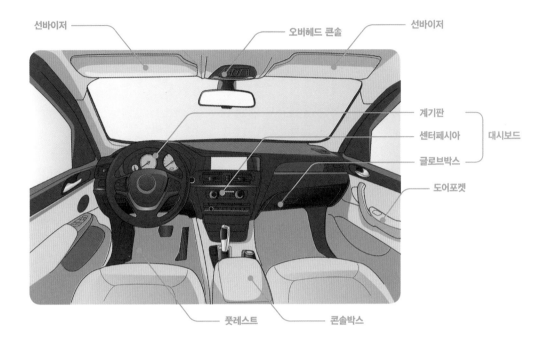

선바이저 ── ────── 오버헤드 콘솔 ────── 선바이저

계기판

센터페시아 ──── 대시보드

글로브박스

도어포켓

풋레스트 ──── 콘솔박스

자동차 인테리어 의장품

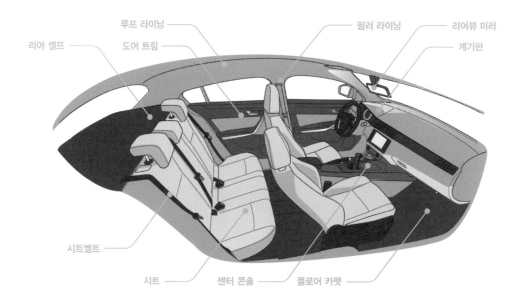

루프 라이닝   필러 라이닝   리어뷰 미러

리어 셸프   도어 트림   계기판

시트벨트

시트   센터 콘솔   플로어 카펫

⑩

엔진룸 들여다보기

엔진룸 주요 부품

ⓐ 스티어링오일 리저브탱크

ⓑ 냉각수 보충탱크

ⓒ 쇽업소버 지지부

ⓓ 엔진

ⓔ 스로틀바디

ⓕ 엔진오일 주입구

ⓖ 와이퍼 모터

ⓗ 브레이크오일 리저브탱크

ⓘ 에어필터박스

ⓙ 퓨즈박스

ⓚ 워셔액 탱크

ⓛ 헤드램프

ⓜ ABS 장치

ⓝ 에어컨 배관

ⓞ 라디에이터 캡

ⓟ 엔진오일 체크레버

ⓠ 라디에이터(콘덴서)

ⓡ 엔진 헤드개스킷

ⓢ 후드 걸쇠

ⓣ 스트럿바

ⓤ 공기 흡입구

ⓥ 냉각수 고무호스

ⓦ 미션오일 체크레버

ⓧ 배터리

⑪ 엔진 본체 구조

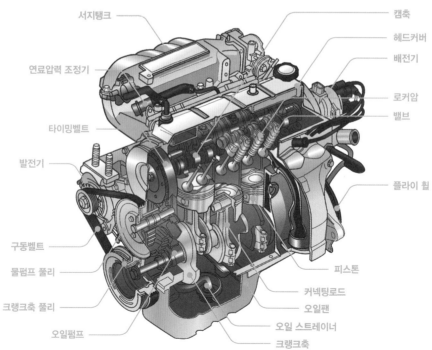

서지탱크 · 캠축 · 헤드커버 · 배전기 · 연료압력 조정기 · 로커암 · 밸브 · 타이밍벨트 · 발전기 · 플라이 휠 · 구동벨트 · 물펌프 풀리 · 피스톤 · 커넥팅로드 · 크랭크축 풀리 · 오일팬 · 오일펌프 · 오일 스트레이너 · 크랭크축

4 사이클 엔진

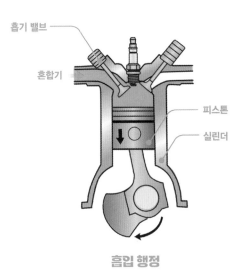

흡기 밸브
혼합기
피스톤
실린더

흡입 행정

피스톤이 상사점으로부터 하강을 시작하면 흡기 밸브가 열리고 공기(또는 혼합기)가 빨려 들어간다.

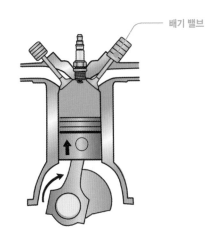

배기 밸브

압축 행정

피스톤이 하사점으로부터 상승으로 변화되면 흡ㆍ배기 밸브도 닫혀져 공기(혼합기)가 압축된다. 직접 분사식의 경우 여기서 연료가 분사된다.

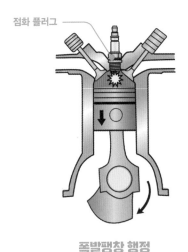

점화 플러그

폭발팽창 행정

피스톤이 상사점에 이르면 점화 플러그에 의해 점화된다. 연소에 의해서 생성된 가스 온도가 올라가고 내부 압력도 높아져 피스톤을 눌러 하강시킴으로써 크랭크축을 회전시킨다.

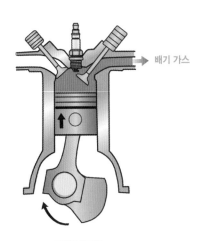

배기 가스

배기 행정

피스톤이 다시 상승을 시작하면 배기 밸브를 통해 연소 가스가 배출된다. 연소 가스는 촉매에 의해 정화되어 자동차 밖으로 방출된다.

점화 플러그 구조

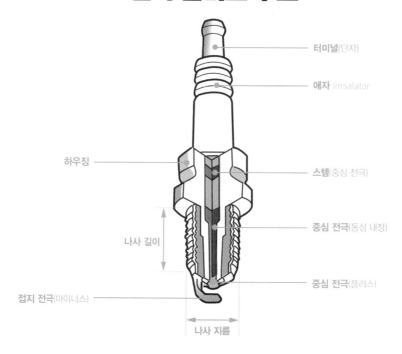

터미널(단자)

애자 imsalator

하우징

스템(중심 전극)

중심 전극(동심 내장)

나사 길이

중심 전극(플러스)

접지 전극(마이너스)

나사 지름

스타터 모터의 역할

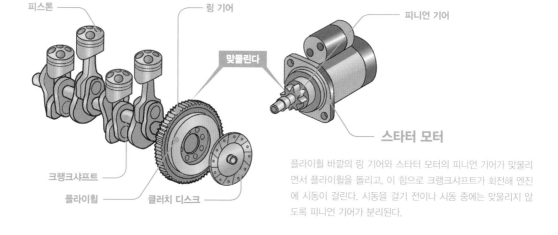

피스톤

링 기어

피니언 기어

맞물린다

스타터 모터

크랭크샤프트

플라이휠

클러치 디스크

플라이휠 바깥의 링 기어와 스타터 모터의 피니언 기어가 맞물리면서 플라이휠을 돌리고, 이 힘으로 크랭크샤프트가 회전해 엔진에 시동이 걸린다. 시동을 걸기 전이나 시동 중에는 맞물리지 않도록 피니언 기어가 분리된다.

⑮
흡기장치의 구성

흡기 다기관

각 실린더로 공기를 배분하는 분기관이다. 흡기 효율 향상을 위해 컨트롤 밸브를 장착함으로써 엔진이 고회전할 때는 굵고 짧게, 저회전할 때는 가늘고 길어지는 가변 흡기 시스템을 사용한다. '흡기 매니폴드'라고도 한다.

저회전 시: 가늘고 긴 관 Branch

고회전 시: 굵고 짧은 관

스로틀 밸브

운전자가 제어하는 대로 엔진 회전이 발생하도록, 액셀러레이터를 밟는 양에 맞춰 밸브가 열리면서 공기량을 증감시킨다. 현재는 대부분이 ECU로 제어하고 있다. '스로틀 바디'라고도 한다.

에어 덕트

공기 흐름이 원활한 형태로 만들어진다.

공기 흡입구

엔진룸 안에서도 비교적 온도가 낮으며, 어느 정도 물이 있는 곳을 주행해도 지장이 없는 위치에 장착된다.

에어클리너

이물질을 걸러내 흡기를 깨끗하게 한다. 부직포 등의 여과재를 사용한다.

16

배기장치의 구성

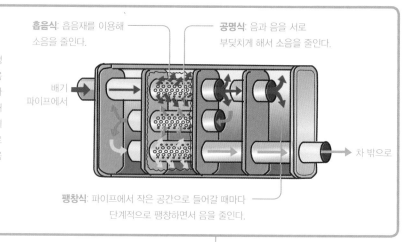

머플러

배기가스를 단계적으로 팽창시키거나(팽창식), 흡음재로 소음을 흡수하거나(흡음식), 소음을 반사해 음과 음을 서로 부딪치게 하는 방식(공명식) 등으로 압력과 온도를 낮춰 소음을 줄인다.

흡음식: 흡음재를 이용해 소음을 줄인다.

공명식: 음과 음을 서로 부딪치게 해서 소음을 줄인다.

배기 파이프에서

차 밖으로

팽창식: 파이프에서 작은 공간으로 들어갈 때마다 단계적으로 팽창하면서 음을 줄인다.

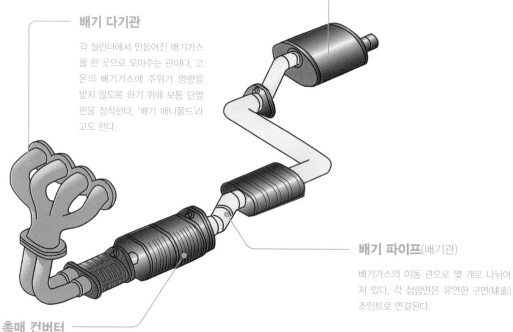

배기 다기관

각 실린더에서 만들어진 배기가스를 한 곳으로 모아주는 관이다. 고온의 배기가스에 주위가 영향을 받지 않도록 하기 위해 보통 단열판을 장착한다. '배기 매니폴드'라고도 한다.

배기 파이프(배기관)

배기가스의 이동 관으로 몇 개로 나뉘어져 있다. 각 접합면은 유연한 구면(球面) 조인트로 연결된다.

촉매 컨버터

배기가스에 함유된 유해한 일산화탄소와 탄화수소, 질소산화물을 산소와 화학반응시킴으로써, 무해한 물과 이산화탄소, 질소로 만든다. 촉매는 온도가 높은 쪽이 잘 반응하기 때문에 '이그조스트 매니폴드' 근처에 장착하는 경우가 많다.

전기 엔진과 가솔린 엔진의 구조 비교

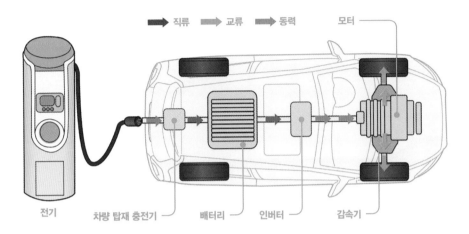

➡ 직류 ➡ 교류 ➡ 동력   모터

전기 | 차량 탑재 충전기 | 배터리 | 인버터 | 감속기

전기 엔진 EV

외부 전원으로부터 충전된 전기는 배터리에 직류로 축적된다.
배터리에서 인버터를 통해 교류로 변환된 다음, 모터로 보내진
다. 배기가스가 나오지 않기 때문에 배기장치가 필요 없다.

가솔린 엔진

가솔린은 가솔린 탱크에 저장되었다가 엔진으로 보내지는데,
연소 폭발을 하기 때문에 공기를 빨아들이는 흡기장치나 배기
가스를 처리하는 배기장치가 필요하다.

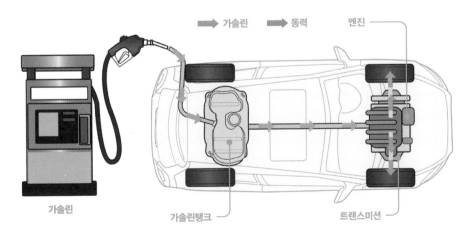

➡ 가솔린 ➡ 동력   엔진

가솔린 | 가솔린탱크 | 트랜스미션

수동변속기의 구조

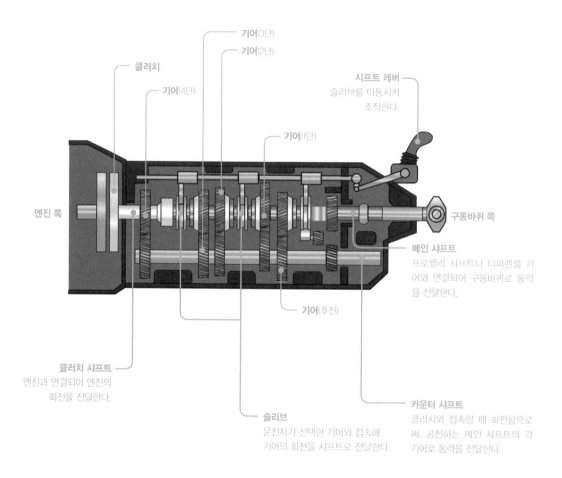

기어(3단)

기어(2단)

클러치

기어(4단)

시프트 레버
슬리브를 이동시켜
조작한다.

기어(1단)

엔진 쪽

구동바퀴 쪽

메인 샤프트
프로펠러 샤프트나 디퍼렌셜 기
어와 연결되어 구동바퀴로 동력
을 전달한다.

기어(후진)

클러치 샤프트
엔진과 연결되어 엔진의
회전을 전달한다.

슬리브
운전자가 선택한 기어와 접속해
기어의 회전을 샤프트로 전달한다.

카운터 샤프트
클러치와 접촉할 때 회전함으로
써. 공전하는 메인 샤프트의 각
기어로 동력을 전달한다.

클러치의 구조

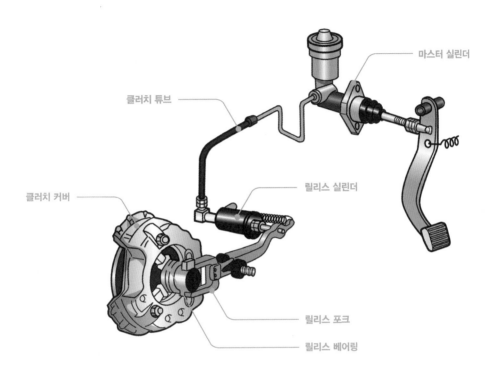

마스터 실린더

클러치 튜브

클러치 커버

릴리스 실린더

릴리스 포크

릴리스 베어링

자동변속기의 구조

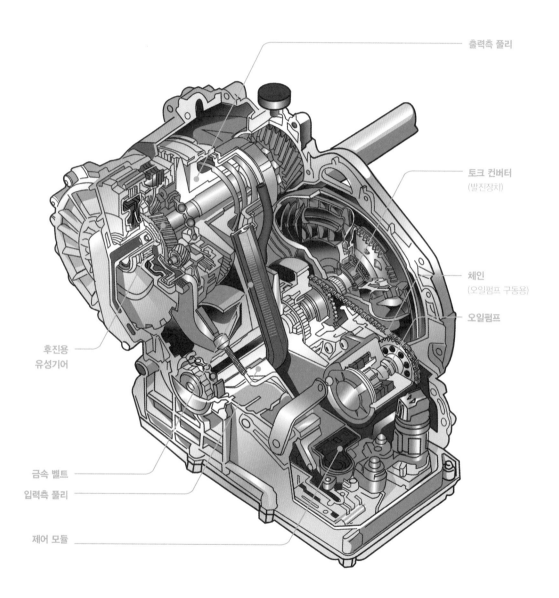

출력측 풀리

토크 컨버터
(발진장치)

체인
(오일펌프 구동용)

오일펌프

후진용
유성기어

금속 벨트

입력측 풀리

제어 모듈

21

반자동변속기

SMGSequential Manual Gearbox 방식이라고 통칭된다.

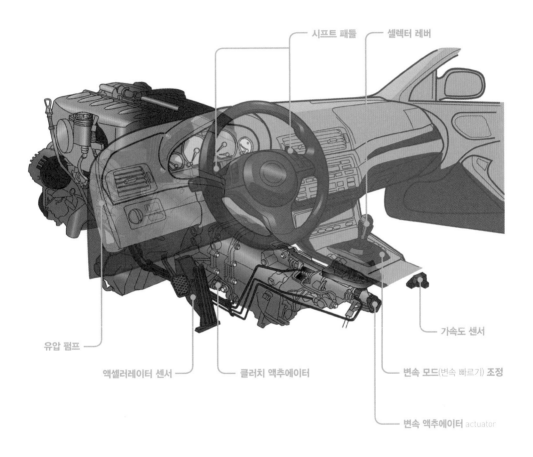

시프트 패들　　셀렉터 레버

유압 펌프

액셀러레이터 센서　　클러치 액추에이터

가속도 센서

변속 모드(변속 빠르기) 조정

변속 액추에이터 actuator

브레이크 형식

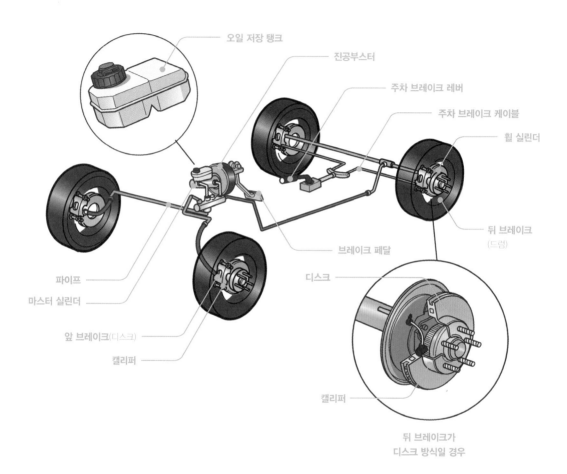

오일 저장 탱크

진공부스터

주차 브레이크 레버

주차 브레이크 케이블

휠 실린더

브레이크 페달

뒤 브레이크
(드럼)

파이프

마스터 실린더

디스크

앞 브레이크(디스크)

캘리퍼

캘리퍼

뒤 브레이크가
디스크 방식일 경우

23

드럼 브레이크 구조

브레이크 오일
마스터 실린더
휠 실린더
드럼의 회전 방향
리딩 슈
브레이크 페달
브레이크 드럼
트레일링 슈
열 발생
열 발생
브레이크 슈
브레이크 라이닝

24

배력장치

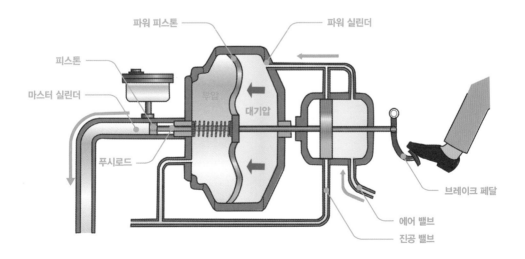

파워 피스톤
파워 실린더
피스톤
마스터 실린더
부압
대기압
푸시로드
브레이크 페달
에어 밸브
진공 밸브

25

파킹 브레이크 구조

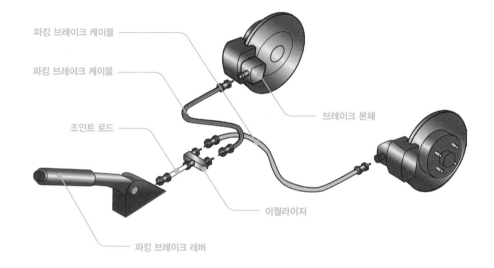

파킹 브레이크 케이블

파킹 브레이크 케이블

조인트 로드

브레이크 본체

이퀄라이저

파킹 브레이크 레버

파킹 브레이크 작동 원리

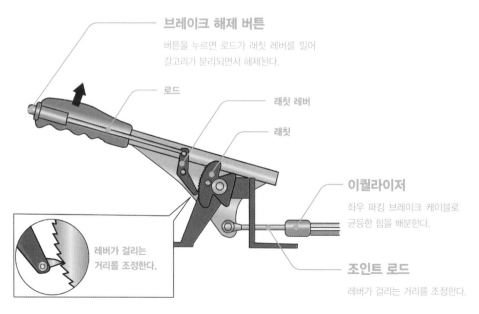

브레이크 해제 버튼

버튼을 누르면 로드가 래칫 레버를 밀어
갈고리가 분리되면서 해제된다.

로드

래칫 레버

래칫

레버가 걸리는
거리를 조정한다.

이퀄라이저

좌우 파킹 브레이크 케이블로
균등한 힘을 배분한다.

조인트 로드

레버가 걸리는 거리를 조정한다.

차축에 따른 현가장치

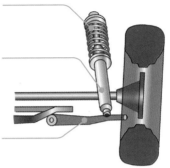

코일 스프링
노면으로부터의 충격과 진동 흡수

쇽업소버
코일 스프링의 진동 억제

서스펜션 암
차축이 움직일 수 있는 위치와 방향 결정

차축 현가식

평평한 노면

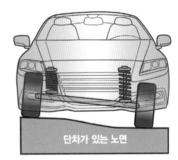

단차가 있는 노면

1개의 차축에 좌우 타이어가 연결되어 있다. 단차가 있는 노면에서는 타이어가 비스듬하게 기울면서 충분히 접지 면적을 확보하지 못하는 경우도 있다.

독립 현가식

평평한 노면

단차가 있는 노면

좌우 타이어가 독립되어 있다. 단차가 있는 노면에서도 타이어가 기울지 않아 충분한 접지 면적 확보가 용이하다.

28

전자제어 현가장치

배기량 2,000cc 이상 고급 차량에 많이 사용되는 방식이다.

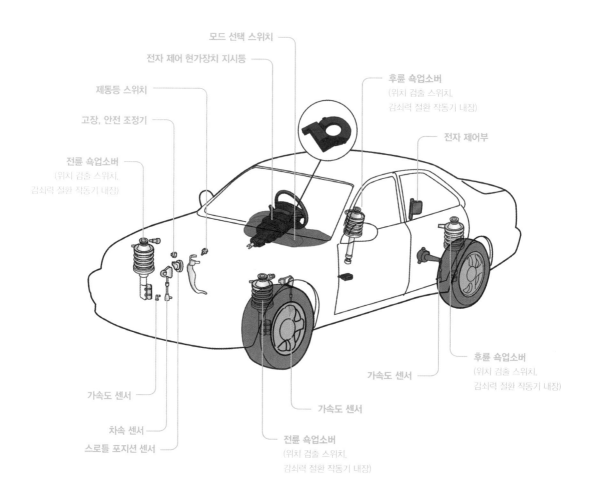

모드 선택 스위치

전자 제어 현가장치 지시등

제동등 스위치

고장, 안전 조정기

전륜 쇽업소버
(위치 검출 스위치,
감쇠력 절환 작동기 내장)

후륜 쇽업소버
(위치 검출 스위치,
감쇠력 절환 작동기 내장)

전자 제어부

가속도 센서

차속 센서

스로틀 포지션 센서

가속도 센서

가속도 센서

전륜 쇽업소버
(위치 검출 스위치,
감쇠력 절환 작동기 내장)

후륜 쇽업소버
(위치 검출 스위치,
감쇠력 절환 작동기 내장)

현가장치의 3가지 종류

맥퍼슨·스트럿 방식

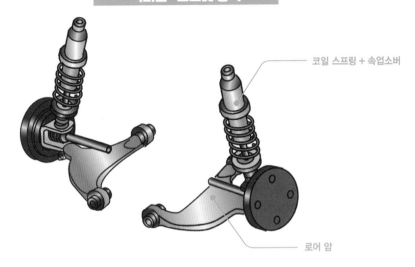

코일 스프링 + 속업소버

로어 암

더블 위시본 방식

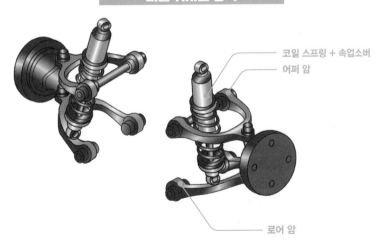

코일 스프링 + 속업소버

어퍼 암

로어 암

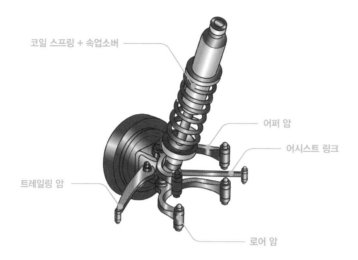

코일 스프링 + 쇽업소버

어퍼 암

어시스트 링크

트레일링 암

로어 암

㉚

쇽업소버 구조

스프링

코일 모양의 스프링이 상하로 움직이거나 비틀리면서 노면의 충격을 줄여준다.

쇽업소버

스프링은 충격을 받으면 잠시 상하운동을 반복하는데, 쇽업소버가 스프링의 움직임을 멈추게 하는 역할을 한다.

스프링과 쇽업쇼버의 움직임

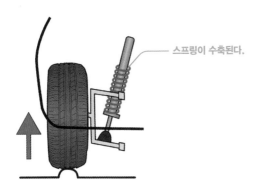

스프링이 수축된다.

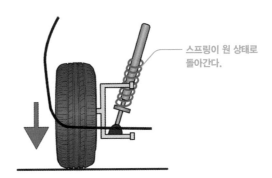

스프링이 원 상태로 돌아간다.

타이어가 노면의 볼록한 부분에 올라타면, 스프링이 충격을 흡수해 쇽업소버와 함께 수축한다.

충격 흡수가 끝나면 스프링은 반동으로 다시 수축하려 하지만, 쇽업소버가 버티고 있어서 서스펜션의 상하 움직임을 억제한다.

32

쇽업쇼버의 효과

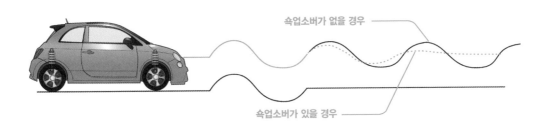

쇽업소버가 없을 경우

쇽업소버가 있을 경우

33

조정식 쇽업소버

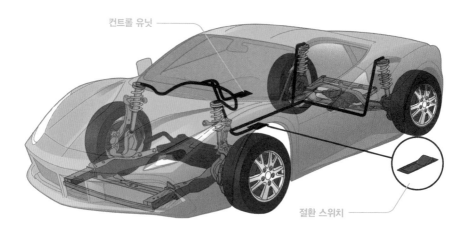

컨트롤 유닛

절환 스위치

34

조향장치 *steering system* 의 구조

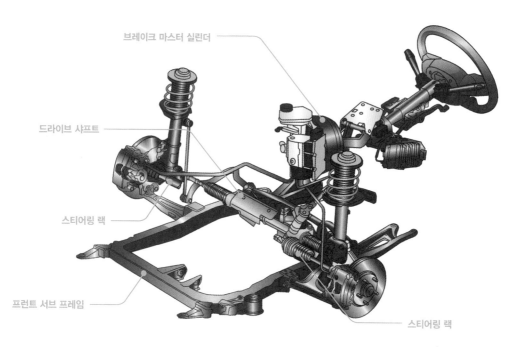

브레이크 마스터 실린더

드라이브 샤프트

스티어링 랙

프런트 서브 프레임

스티어링 랙

35

동력조향장치

조합식 동력조향장치

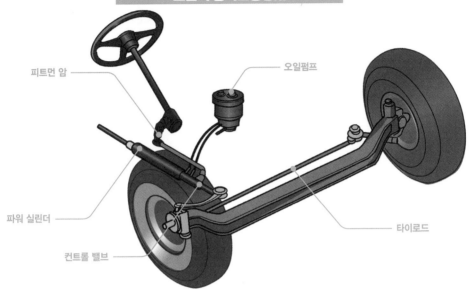

피트먼 암

오일펌프

파워 실린더

컨트롤 밸브

타이로드

래크 & 피니언식 동력조향장치

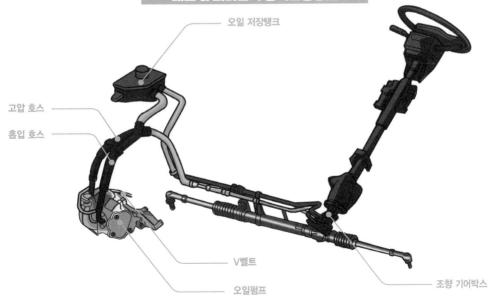

오일 저장탱크

고압 호스

흡입 호스

V벨트

오일펌프

조향 기어박스

36

타이어 편평비

타이어 편평비(시리즈)

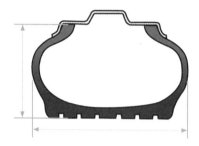

$$편평비(\%) = \frac{높이\ (H)}{단면\ 폭\ (W)} \times 100$$

타이어 편평비의 예

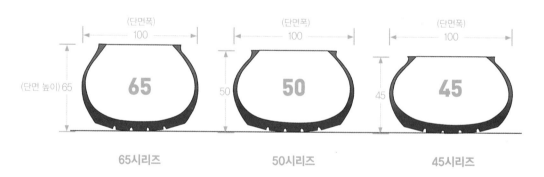

65시리즈   50시리즈   45시리즈

37

타이어 구조

트레드

노면과 접촉하는 면으로 두꺼운 고무 층으로 만들어져 있다. 트레드 패턴이 파여 있다.

숄더

트레드와 사이드 월을 연결한다.

사이드 월

자동차의 중량을 지탱하고 노면으로부터의 충격을 흡수한다.

벨트/브레이커

카커스 코드를 보강하는 층. 래디얼 구조에서는 주로 스틸로 만들어진 벨트가 카커스 코드를 잡아주고, 바이어스 구조에서는 주로 나일론으로 만들어진 브레이커가 잡아준다.

카커스 코드

타이어의 골격을 이루는 층. 나일론이나 폴리에스테르, 스틸 등을 고무로 휘감은 것이 겹쳐져 있다. 진행 방향에 대해 90도로 겹쳐놓은 것을 래디얼 구조, 45도로 겹쳐놓은 것을 바이어스 구조라고 한다.

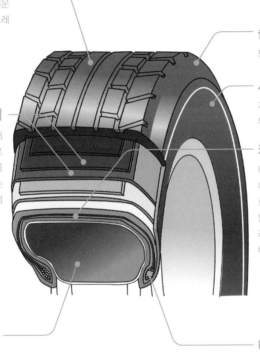

이너 라이너

공기가 새는 것을 막아준다.

비드

휠의 림에 타이어를 고정한다. 비드 와이어(금속제 와이어)나 비드 필러(튼튼한 고무)로 보강한다.

휠의 종류

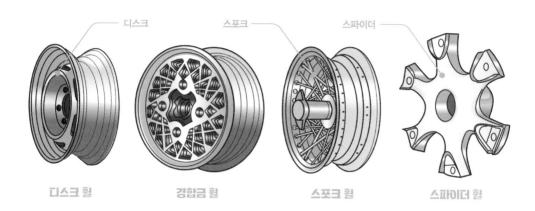

디스크   스포크   스파이더

디스크 휠   경합금 휠   스포크 휠   스파이더 휠

휠의 구조

1피스

디스크 부분   림 부분

2피스

디스크 부분   림 부분

3피스

디스크 부분   바깥쪽 림 부분   안쪽 림 부분

휠 사이즈

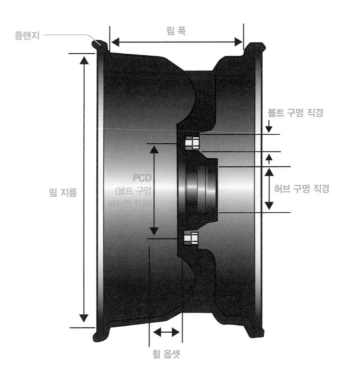

플랜지

림 폭

볼트 구멍 직경

림 지름

PCD
(볼트 구멍
피치원 직경)

허브 구멍 직경

휠 옵셋

에어백 작동 흐름

충돌로부터 약 0.003초 후에
바디 앞쪽에 있는 가속도 센서가 충돌을 감지

충돌로부터 약 0.015초 후에 ECU가 충돌 판정

충돌로부터 약 0.015초 후에 ECU가 작동 지시

충돌로부터 약 0.020초 후에 에어백 작동 시작

충돌로부터 약 0.040초 후에 에어백 작동 완료

충돌로부터 약 0.060초 후에 탑승객의 에너지 흡수

016	볼보 EM90	CC0
017	벤츠 E클래스	CC-BY-SA-4.0, Damian B Oh
022	시승차	CC-BY-SA-4.0, Nickispeaki
023	전시차	CC-BY-SA-4.0, Faye Lei Yahowelim
026	수입차 유통	CC-BY-2.0, Lewis Clarke
030	오토리스 홈페이지	ⓒ신한카드
032	자동차 제원표	ⓒ르노코리아
048	벤츠 V형 6실린더 가솔린엔진	ⓒ벤츠
049	재규어 디젤엔진	CC-BY-2.0, Brian Snelson
052	커먼레일 연료 분사 시스템	CC0
053	스카이액티브 엔진	CC-BY-4.0, Iamjosemom
054	마츠다 CX-90	CC-BY-SA-4.0, Elise240SX
055	디젤 터보 아우디 V6	CC-BY-SA-4.0, Damian B Oh
057	다운사이징 터보차저	ⓒ아우디
059	요소수 투입구	CC-BY-SA-4.0, KaiBorgeest
060	요소수 펌프	CC-BY-SA-4.0, Alexander Noé
061	디젤 여과 필터(DPF) 장치	ⓒ아우디
062	HC-SCR 시스템	ⓒ카탈러 코포레이션
064	폭스바겐 W형 8실린더 엔진	ⓒ폭스바겐
067	가변 노즐 터빈(VNT) 터보차저	ⓒ볼보
068	엔진룸	CC-BY-SA-2.0, Cedric Ramirez
070	엔진 마운트	ⓒBMW
072	현대자동차 LPG 엔진	CC0
072	QM6 LPG 자동차	ⓒ르노코리아

074	듀얼 클러치 변속기(DCT)	©폭스바겐
075	전륜구동용 수동변속기	©아우디
076	레인지로버 이보크	CC-BY-2.0, Land Rover
078	H-메틱 자동변속기	©현대자동차
079	아우디 A7	CC-BY-SA-4.0, Kickaffe
081	무단변속기(CVT) 구조	©벤츠
083	눈밭 주행	Unsplash, Ozark Drones
084	벤츠 W116	CC-BY-SA-3.0, John Steed 1
087	진흙 길	CC-BY-2.0, Land Rover MENA
090	티구안3	CC-BY-SA-4.0, Alexander-93
091	i20	CC-BY-SA-4.0, Corvettec6r
094	배터리 팩	CC-BY-SA-4.0, Mugel2110
095	전기차 충전소	CC-BY-SA-4.0, Mariordo
096	충전 케이블	Unsplash, CHUTTERSNAP
097	슈퍼차징	CC-BY-SA-4.0, Michael Rivera
099	CCS	CC-BY-SA-4.0, Panagioyis Katoikos
100	전기차 감전 위험	Unsplash, juice
101	볼트 EV	CC-BY-SA-4.0, Gregory Varnum
104	겨울 전기차 충전	CC-BY-SA-4.0, Sebleouf
110	소형 전기차 니로	Unsplash, 현대자동차
111	배터리 팩	CC-BY-SA-3.0, Tennen-Gas
113	리튬유황 배터리	©라이텐
117	G80 타이어	CC-BY-SA-4.0, Damian B Oh
118	혼다 FCX 클라리티	©혼다
119	연료전지 구조	CC-BY-SA-4.0, Emma Ambrogi
120	수소차	CC-BY-SA-4.0, Dr. Artur Braun
120	연료전지	CC-BY-SA-4.0, Dr. Artur Braun
122	수소 충전 노즐	CC-BY-SA-4.0, Ogidya
125	자율주행	CC-BY-SA-4.0, Ian Maddox
128	트롤리 딜레마	CC-BY-SA-4.0, McGeddon

131	자율주행 시점	CC-BY-SA-4.0, Eschenzweig
134	발레오 라이다	ⓒ발레오
136	마이바흐	CC-BY-SA-4.0, Damian B Oh
146	올라운드 선팅	CC-BY-SA-4.0, Dimosca
156	공기압 점검	CC-BY-2.0, 오레곤주 교통국
157	공기압 경고등	CC-BY-2.0, Kārlis Dambrāns
161	차량 관리 어플리케이션	ⓒ마이클
163	제동등	Unsplash, Minku Kang
166	공기 펌프	CC-BY-SA-4.0, Iswoar
168	겨울철 관리	Unsplash, Yucel Moran
170	계기판 경고등	CC-BY-SA-3.0, Untitled
172	냉각수 경고등	CC-BY-2.0, Ivan Radic
174	폭설 주차장	CC-BY-SA-2.0, Graham Horn
181	실내등	CC-BY-SA-4.0, Damian B Oh
184	수동변속기	CC-BY-SA-4.0, 21C117
186	자동차 램프류	CC-BY-SA-3.0, Cjp24
194	엔진 스로틀보디	CC0
199	연료 부족	CC-BY-SA-4.0, Icomparioimages
202	커먼레일 인젝터	CC-BY-SA-3.0, Panoha
204	휠 얼라인먼트	CC-BY-SA-4.0, Dmitry Racer
213	엔진오일	CC-BY-SA-4.0, Santeri Viinamäki
220	자동차에 들어가는 다양한 오일류	CC0
221	브레이크 오일 탱크	CC-BY-3.0, Frettie
224	서스펜션과 쇽업소버 작동 구조	ⓒ벤츠
225	주파수 감응식 감쇠력 가변 시스템	ⓒ벤츠
226	C클래스 쇽업소버	ⓒ벤츠
227	에어 서스펜션	CC-BY-SA-4.0, Lklundin
230	유압 파워 스티어링	ⓒ벤츠
231	전동식 유압 파워 스티어링	ⓒ오펠
233	LED 헤드램프	CC-BY-SA-3.0, Pava

234	라이팅 패턴	CC-BY-SA-4.0, cflm
236	K9 TV 광고 캡처	ⓒ기아자동차
234	AFLS	CC-BY-SA-3.0, cflm/Daniele Pugliesi
240	에어컨 냉매	CC-BY-SA-4.0, Suyash.dwivedi
241	자동차 배터리	CC-BY-SA-3.0, Frettie
242	배터리 충전	CC-BY-SA-4.0, Rombat france
245	배기가스	CC-BY-SA-4.0, Santeri Viinamäki
246	자동차 벨트	Unsplash, Chad Kirchoff
257	운전 자세	Unsplash, Harry Shelton
258	G90 서라운드 뷰 모니터	ⓒ현대자동차
261	사이드미러	CC-BY-SA-3.0, Johan
262	급커브 도로	Unsplash, Martin Adams
265	고속도로	CC-BY-SA-2.0, formulanone
266	부변속기(ATC, PTU)	ⓒ현대위니아
269	자동변속기 버튼	CC-BY-2.0, The Car Spy
271	오르막길 주행	Unsplash, Anne Nygård
273	수막현상	CC-BY-2.0, 오레곤주 교통국
276	눈길, 빙판길 주행	CC0
278	안개 도로	CC-BY-SA-2.0, Mat Fascione
280	호주의 스쿨존 표시	CC-BY-SA-2.5, Bidgee
282	스키드 마크	CC-BY-SA-3.0, Beademung
289	유아용 카시트	Unsplash, Erik Mclean
293	자동차보험 비교견적 사이트	ⓒG-INSU
294	블랙박스	Unsplash, Nicole Logan
300	반려견 특약	CC-BY-SA-4.0, Usernet123u

※저작권자가 확인되지 않거나 여타 사정으로 게재 허락을 받지 못한 사진이 일부 있습니다.
 양해를 부탁드리며 추후 연락 주시기 바랍니다.